"工商管理"省级重点支持学科（项目编号：黔学位合字ZDXK[2016]18号）

2016年度贵州省"一流大学"建设项目：国际商务特色专业建设项目（项目编号：SJ-YLZY-2016-003）

贵州省商贸流通大数据分析与应用重点实验室（项目编号：黔教合KY字[2018]002号）

中国喀斯特
石漠化治理生态补偿研究

CHINA

基于贵州省黔西南布依族苗族自治州的调研

KARST

洪晓洋　著

CHINA KARST

经济日报出版社

图书在版编目（CIP）数据

中国喀斯特石漠化治理生态补偿研究：基于贵州省
黔西南布依族苗族自治州的调研 / 洪晓洋著 . —北京：
经济日报出版社，2020. 5
　ISBN 978-7-5196-0668-8

　Ⅰ. ①中…　Ⅱ. ①洪…　Ⅲ. ①岩溶地貌—沙漠化—区
域生态环境—补偿机制—研究—黔西南布依族苗族自治州
Ⅳ. ①P942. 732. 73

　中国版本图书馆 CIP 数据核字（2020）第 059642 号

中国喀斯特石漠化治理生态补偿研究：
基于贵州省黔西南布依族苗族自治州的调研

著　　者	洪晓洋
责任编辑	门　睿
责任校对	胡又红
出版发行	经济日报出版社
地　　址	北京市西城区白纸坊东街 2 号（邮政编码：100054）
电　　话	010-63567684（总编室）
	010-63584556　63567691（财经编辑部）
	010-63567687（企业与企业家史编辑部）
	010-63567683（经济与管理学术编辑部）
	010-63538621　63567692（发行部）
网　　址	www. edpbook. com. cn
E － mail	edpbook@ 126. com
经　　销	全国新华书店
印　　刷	天津雅泽印刷有限公司
开　　本	710×1000 毫米　1/16
印　　张	15.75
字　　数	200 千字
版　　次	2020 年 5 月第一版
印　　次	2020 年 5 月第一次印刷
书　　号	ISBN 978-7-5196-0668-8
定　　价	52. 00 元

序

对于中国的喀斯特地区而言，由于存在着人口密度比较大、生态环境脆弱、经济社会发展水平偏低等因素，加之曾经有过的乱砍乱伐、毁林开荒等错误行为造成的后续影响，导致了石漠化问题的发生与持续。再之，我国喀斯特地区绝大多数都分布在少数民族地区、边境地区、革命老区以及贫困地区，因此，喀斯特石漠化治理既是生态环境保护问题，也是经济社会发展问题，已经受到各级党委和政府的高度重视。

根据国家林业和草原局提供的统计数据：截止到 2016 年，我国喀斯特地区石漠化土地的总面积已经达到了 1007 万公顷，占喀斯特面积的 22.3%，占区域国土面积的 9.4%，涉及到的区域范围主要包括：贵州省、湖南省、湖北省、广西壮族自治区、广东省、四川省、重庆市、云南省所辖的 457 个市、县、区。其中，贵州省的喀斯特石漠化问题最为严重，其石漠化土地面积已经达到了 247 万公顷，占石漠化土地总面积的 24.5%；潜在石漠化土地面积为 363.8 万公顷，占潜在石漠化土地总面积的 24.8%。由此可见，全国乃至贵州省喀斯特地区的石漠化治理，不仅是一项需要长期坚持的工作任务，同时，也是一个亟待研究解决的学术问题。

喀斯特石漠化治理研究涉及到诸多领域。从经济的视角来看,生态补偿的标准体系构建是其最为重要的研究内容之一。由于贵州省是中国西南内陆地区的腹地和重要交通枢纽,是一个多民族聚居的省份,是长江经济带的重要组成部分,也是中国喀斯特石漠化最为严重的区域,因此,作者选择该省特别是黔西南布依族苗族自治州作为实例,研究中国喀斯特石漠化治理之中的生态补偿标准测算方法、运作模式以及指标体系构建。

在此背景之下,《中国喀斯特石漠化治理生态补偿研究——基于贵州省黔西南布依族苗族自治州的调研》一书问世了。该书的成功之处,主要有以下几个方面的内容。首先,构建了财政支持喀斯特石漠化治理的评价指标体系,及其成效评估模型,以准确评估财政支持喀斯特石漠化治理的实际效果。其次,提出了喀斯特石漠化治理生态补偿的指标体系,及其相关的标准测算模型,有利于丰富喀斯特石漠化治理的资金来源渠道,高效治理喀斯特石漠化。再者,提出了测算不同类型喀斯特石漠化治理生态补偿标准的指标体系和方法,有利于加强针对性,进一步提升喀斯特石漠化治理的成效。最后,提出了喀斯特石漠化治理生态补偿的三种运作模式和对策建议。

本书虽然略显"稚嫩",但是,却凝聚了作者在研究过程当中的那一些艰难、困苦。说其比较"稚嫩"的原因在于:一是本书作者是一位"初出茅庐"的博士研究生;二是本书里面所提出的某些理论还处于初始探索阶段,还不很成熟,也正因为如此,开启了研究之头,这却正是其又一研究意义之所在。

西南民族大学党委常委、副校长,博士(后),二级教授,博士生导师

张明善

2020 年 1 月 14 日于西南民族大学航空港校区

摘　要

　　对于中国的喀斯特地区而言，石漠化治理既属于突出的生态环境保护问题，也属于亟待解决的经济社会发展问题。同时，该区域绝大多数也属于是少数民族地区、边境地区、贫困地区以及革命老区。因此，喀斯特石漠化治理有利于其经济社会实现可持续发展，已经引起了国家层面的高度重视。由于喀斯特石漠化治理是一项综合性、系统性、长期性、复杂性、社会性以及公益性的生态环境保护工程，财政支持理应起到主导的作用。而随着我国生态文明建设的深入推进，仅依靠财政支持喀斯特石漠化治理是绝对不够的，还需要包括生态补偿在内的其他政策支持手段的积极参与。

　　基于对喀斯特石漠化严重的贵州省、云南省和广西壮族自治区的相关治理典型区域及其主管部门进行实地调研，并且围绕生态补偿等内容，本论文提出了喀斯特石漠化治理生态补偿的指标体系、标准测算、运作模式以及对策建议。同时，根据喀斯特石漠化治理生态补偿的重要性、典型性以及紧迫性，选择贵州省黔西南布依族苗族自治州作为重点调研对象，并且按照上述的研究思路、研究框架等，对其进行了相应的分析。具体而言，主要有以下创新之处：

（1）构建了财政支持喀斯特石漠化治理的评价指标体系及其成效评估模型。本论文从农业发展治理措施、林业发展治理措施、水利建设治理措施的层面，构建了财政支持喀斯特石漠化治理的评价指标体系，然后运用主成分分析法建立混合效应模型，并且使用R软件及其PLM函数包等，进行相应的仿真分析，以准确评估财政支持喀斯特石漠化治理的实际效果。

（2）提出了喀斯特石漠化治理生态补偿的指标体系，及其相关的标准测算模型，有利于丰富喀斯特石漠化治理的资金来源渠道，高效治理喀斯特石漠化。主要表现在：

①基于主成分分析法等，拓展性地提出了喀斯特石漠化治理生态补偿的指标体系，及其标准测算：林地、耕地、草地的生态破坏损失+喀斯特石漠化的生态恢复费用+喀斯特石漠化地区居民的发展机会成本损失。

②基于新的生态价值当量因子法等，提出了喀斯特石漠化治理生态补偿的指标体系，及其标准测算方法：

a. 整体型的生态补偿标准测算方法：

$$F = F_{林地} + F_{耕地} + F_{草地} = \sum_{i=1}^{3} F_i$$

而生态补偿费F的计算方法又如下所示：

$$F_i = \frac{a_i}{b} \times b' \times R_i \times M_i$$

b. 局部型的生态补偿标准测算方法，该方法的不同之处主要在于权重或者是概率P_i，其余的内容与a相同。P_i的计算公式如下所示：

$$P_i = \frac{1}{n} \sum_{j=1}^{n} \frac{a_{ij}}{b_j}$$

由此观之，可以得到生态补偿费F的计算方法：

$$F_i = P_i \times b \times R_i \times M_i$$

（3）提出了测算不同类型喀斯特石漠化治理生态补偿标准的指标体系和方法，有利于增强针对性，进一步提高喀斯特石漠化治理的成效：

$$w_i = \frac{S_i \times r_i}{\sum_{j=1}^{4} S_j \times r_j}$$

（4）提出了喀斯特石漠化治理生态补偿的三种运作模式：横向生态补偿模式、纵向生态补偿模式、政府和市场有效融合的生态补偿模式。

（5）提出了推进喀斯特石漠化治理生态补偿的对策建议。不断加强对基础性水利建设、植被保护与建设、特色农业发展、"农业+林业"的社会资本与政府合作模式的定向性财政支持力度；不断加大普惠金融的支持力度；不断发掘和弘扬少数民族的优秀传统文化；大力引进高层次人才，并且发展教育；不断加强兼具区域性和行业特色的法制建设。

关键词：喀斯特石漠化治理；生态补偿；标准测算；运作模式；指标体系

ABSTRACT

For karst regions in China, rocky desertification control is not only an outstanding ecological and environmental protection problem, but also an urgent economic and social development problem. At the same time, the vast majority of the region also belongs to ethnic minority areas, border areas, poor areas and old revolutionary base areas. Therefore, karst rocky desertification control is conducive to its sustainable economic and social development, which has also attracted great attention at the national level. Because karst rocky desertification control is a systematic, long-term, complex, social and public welfare project, financial support should play a leading role. However, with the deepening of ecological civilization construction in China, it is absolutely not enough to rely solely on financial support for karst rocky desertification control, but also need financial support and active participation of ecological compensation and so on.

Based on the field investigation of typical control areas and their competent departments in Guizhou, Yunnan and Guangxi Zhuang Autonomous Region with serious karst rocky desertification, and around the content of ecological compensation, this paper puts forward the index system, standard calculation, operation mode and countermeasures of ecological compensation for karst rocky desertification control. At the same time, according to the importance, typicality and urgency of ecological compensation for karst rocky desertification control, the Buyi and Miao Autonomous Prefecture in southwestern Guizhou Province was selected as the key research object, and the corresponding analysis was carried out according to the above research ideas and framework. Specifically, there are the following possible innovations:

(1) The evaluation index system of financial support for karst rocky desertification control and its effectiveness evaluation model are constructed. In this paper, the evaluation index system of financial support for karst rocky desertification control is constructed from the aspects of agricultural development control measures, forestry development control measures and water conservancy construction control measures. Then, the mixed effect model is established by using principal component analysis method, and the corresponding simulation analysis is carried out by using R software and PLM function package to accurately evaluate financial support for Karst Rocky desertification, in order to get the actual effect of governance.

(2) The index system of ecological compensation for karst rocky desertification control and its related standard calculation model are put forward, which can enrich the sources of funds for karst rocky desertification control and effectively control karst rocky desertification. The main manifestations are as follows:

①Based on principal component analysis, the index system of ecological compensation for karst rocky desertification control is proposed extensively, and its standard calculation is: loss of ecological destruction of woodland, arable land and grassland + cost of ecological restoration of karst rocky desertification + loss of development opportunity cost of residents in karst rocky desertification area.

②based on the new ecological value equivalent, the method of karst rocky desertification control is put forward. The index system of ecological compensation for special rocky desertification control and its standard calculation method are as follows:

a. the whole ecological compensation standard calculation method:

$$F = F_{林地} + F_{耕地} + F_{草地} = \sum_{i=1}^{3} F_i$$

The calculation method of ecological compensation fee F is as follows:

$$F_i = \frac{a_i}{b} \times b' \times R_i \times M_i$$

b. Local ecological compensation standard calculation method: The main difference of this method lies in the weight or probability Pi, and the rest is the same as a. The calculation formula of Pi is as follows:

$$P_i = \frac{1}{n} \sum_{j=1}^{n} \frac{a_{ij}}{b_j}$$

Thus, the calculation method of ecological compensation fee F can be obtained.

$$F_i = P_i \times b \times R_i \times M_i$$

(3) The index system and method of calculating the ecological compensation standard for different types of karst rocky desertification control are put forward, which is helpful to enhance the pertinence and further improve the effectiveness of karst rocky desertification control.

$$w_i = \frac{S_i \times r_i}{\sum_{j=1}^{4} S_j \times r_j}$$

(4) Three operation modes of ecological compensation for karst rocky desertification control are put forward: horizontal ecological compensation mode, vertical ecological compensation mode, and effective integration of government and market ecological compensation mode.

(5) The countermeasures and suggestions to promote ecological compensation for karst rocky desertification control are put forward. Continuously strengthen the directional financial support for basic water conservancy construction, vegetation protection and construction, characteristic agricultural development, "agriculture + forestry" of social capital and government cooperation mode; continuously increase the support of inclusive finance; constantly explore and carry forward the excellent traditional culture of ethnic minorities; vigorously introduce high-level talents and develop education industry; legal construction of area and industry characteristics.

Key Words: Karst Rocky Desertification Control; Ecological Compensation; Standard Calculation; Operation Mode; Index System

目　录

第一章 绪 论

1.1 研究背景和研究意义

1.1.1 研究背景

党的十八大以来，以习近平同志为核心的党中央，深入总结了人类文明的历史发展规律，并且将生态文明建设纳入中国特色社会主义"四个全面"战略布局与"五位一体"总体布局之中，以生态文明建设助推经济社会实现可持续发展。作为生态文明建设之中的一项重要内容——喀斯特石漠化治理，也备受关注。喀斯特石漠化治理既属于突出的生态环境保护问题，又属于亟待解决的经济社会发展问题，已经引起了国家层面的高度关注。在中国共产党第十九次全国代表大会所作报告当中，明确地提出了："要开展国土绿化行动，推进水土流失、喀斯特石漠化以及荒漠化的综合治理，强化湿地的恢复与保护。同时，不断提升防治地质灾害的水平。"

我国的喀斯特石漠化主要分布于以云贵高原为中心，北面起始于秦岭山脉南麓，西面延伸至横断山脉，东面延伸到罗霄山脉西侧，南面延伸至广西盆地的喀斯特地区。行政区域范围涉及：广西壮族自治区、贵州省、湖北省、云南省、湖南省、四川省、重庆市以及广东省的 463 个县。其中，国土面积多达107.1万平方千米，喀斯特石漠化面积多达45.2万平方千米。另外，这些地区还是三峡库区、长江水源的补给区域，珠江流域的发源地以及南水北调的水源区域，生态区位特别重要。喀斯特石漠化是该区域所面临的最为严重的生态环境保护问题、经济社会发展问题，严重影响了该区域的经济社会实现可持续发展与生态环境安全。①

据悉，喀斯特石漠化状况的调查需要花费大量的人力、物力以及财力，而且持续的时间比较长。因此，国家层面每隔5年才会进行1次，第一次喀斯特石漠化状况调查于2006年正式启动。因为最新的喀斯特石漠化状况调查结果还没有公布，所以本论文就使用第一次、第二次调查的结果，进行相应的分析。

见表1-1和表1-2：截止到2011年，无论是从喀斯特石漠化面积，还是从潜在石漠化面积来看，贵州省、云南省以及广西壮族自治区都较为突出。

表1-1 我国的喀斯特石漠化分布情况

指标内容	贵州省	云南省	广西壮族自治区	湖南省	湖北省	重庆市	四川省	广东省
喀斯特石漠化面积（单位：万公顷）	302.4	284	192.6	143.1	109.1	89.5	73.2	6.4
占喀斯特石漠化土地总面积的比例（单位：%）	25.2	23.7	16	11.9	9.1	7.5	6.1	0.5

数据来源：国家林业局防治荒漠化管理中心，国家林业局中南林业调查规划设计院. 石漠化综合治理模式 [M]. 北京：中国林业出版社，2012：3.

———————————

①国家林业局防治荒漠化管理中心，国家林业局中南林业调查规划设计院. 石漠化综合治理模式 [M]. 北京：中国林业出版社，2012：1.

表 1-2 我国的潜在石漠化分布情况

指标内容	贵州省	云南省	广西壮族自治区	湖南省	湖北省	重庆市	四川省	广东省
潜在石漠化面积（单位：万公顷）	325.6	177.1	229.4	156.4	237.8	87.1	76.9	41.5
占潜在石漠化土地总面积的比例（单位：%）	24.5	13.3	17.2	11.7	17.9	6.5	5.8	3.1

数据来源：国家林业局防治荒漠化管理中心，国家林业局中南林业调查规划设计院. 石漠化综合治理模式［M］. 北京：中国林业出版社，2012：4.

贵州省、云南省以及广西壮族自治区之中的绝大部分地区都属于是典型的高原山地地形，碳酸盐岩的分布范围广泛，喀斯特石漠化面积大，是世界上喀斯特地貌发育最为典型的区域。同时，这些区域也集革命老区、贫困地区、少数民族地区以及边境地区于一体。见表 1-3：无论是从贫困人口，还是从贫困发生率来看，这 3 个省、自治区都是当前国家精准脱贫、精准扶贫工作之中，任务比较艰巨的区域，容易引发"贫困—破坏生态环境—喀斯特石漠化严重"的恶性循环。在这些区域之中，贵州省的喀斯特石漠化问题是最为严重的。而在贵州省之内，黔西南布依族苗族自治州却又比较典型。

表 1-3 贵州省、云南省和广西壮族自治区的贫困状况

指标内容 / 地区	贫困人口（单位：万人）			贫困发生率（单位：%）		
	2011 年	2014 年	2015 年	2011 年	2014 年	2015 年
贵州省	1 149	623	493	33.4	18	14
云南省	2 014	574	471	27.1	15.5	12.7
广西壮族自治区	950	540	452	23	12.6	10.5

资料来源：贵州省统计局，云南省扶贫开发办公室，广西壮族自治区扶贫开发办公室，因为相关的统计数据缺失等因素，所以，参考有关的资料，2011 年广西壮族自治区的贫困发生率大约为 23%。

脆弱的喀斯特自然环境、巨大的人口压力、温暖湿润的季风性气候以及经济社会发展水平比较低等是导致喀斯特石漠化形成的主要原因，并且石漠化问题又是我国南方喀斯特地区所独有的，是在原本就脆弱的喀斯特地貌之上，形成的荒漠化生态现象之一。其治理是一项公益性、系统性、综合性、社会性、长期性以及复杂性的生态环境保护工程，所以，需要得到各级财政的大力支持。根据中央有关部门的要求，原则上应该以国家财政投资作为主导，地方财政提供一定数量的配套资金作为辅助。然而，通过对贵州省及其黔西南布依族苗族自治州、云南省和广西壮族自治区的喀斯特石漠化治理主管部门和治理典型地区进行实地调研，笔者发现：从 2008 年到 2016 年，云南省主要为"中央财政资金"，广西壮族自治区主要为"中央财政资金+自治区财政配套资金"，贵州省主要为"中央财政资金+省级财政配套资金+省内各州市财政配套资金+县级自筹资金"。由此观之，只有贵州省符合国家层面提出的要求。

为了进一步增加喀斯特石漠化治理的资金来源渠道，提高治理成效，还需要对喀斯特石漠化治理的生态补偿进行研究。而在中国生态补偿机制的实践过程之中，政府部门的财政资金一般都处于主导地位，其他社会资金的支持力度非常小。[1] 生态补偿有助于实现人类生活、生产方式的变革，调整、优化产业结构，提升人们的福利水平，促进经济社会实现可持续发展等。[2] 因此，基于上述的研究背景，本论文将通过借鉴国外和国内的相关生态补偿理论、对策建议、指标体系、运作模式以及标准测算模型，并且结合实地调研的情况等，对喀斯特石漠化治理的生态补偿进行研究，以期为我国南方喀斯特石漠化治理生态补偿的标准

---

[1]孔德帅. 区域生态补偿机制研究——以贵州省为例 [D]. 北京：中国农业大学，2017.

[2]Pagiola S, Agostin A, Platais G. *Can payments for environmental services help reduce poverty? An exploration of the issues and the evidence to date from Latin America* [J]. *World Development*，2005（2）：237-253.

测算、对策建议、指标体系和运作模式制定等内容，提供研究思路、参考依据。

1.1.2 研究意义

贵州省黔西南布依族苗族自治州喀斯特石漠化所导致的一些重大生态环境问题，已经严重影响了区域的生态环境安全和经济社会的可持续发展。同时，喀斯特石漠化地区也是我国贫困范围、贫困程度以及贫困人口最大、最深、最多的地方。① 因此，从生态经济学等层面，特别是生态补偿的视角，研究喀斯特石漠化治理，就具有很强的理论意义和现实意义。

1.1.2.1 理论意义

第一，构建了财政支持喀斯特石漠化治理的评价指标体系及其成效评估模型。从农业发展治理措施、林业发展治理措施、水利建设治理措施的层面，并且基于统计学的相关模型、分析方法和软件，例如：主成分分析法、混合效应模型、R 软件及其PLM 函数包等，构建了财政支持喀斯特石漠化治理的评价指标体系与模型，以准确评估财政支持喀斯特石漠化治理的实际效果，从而填补了财政支持喀斯特石漠化治理现有理论体系的研究空白。

第二，提出了喀斯特石漠化治理生态补偿的指标体系，及其相关的标准测算模型。主要表现在：

①基于主成分分析法等，拓展性地提出了喀斯特石漠化治理生态补偿的指标体系，及其标准测算：林地、耕地、草地的生态破坏损失+喀斯特石漠化的生态恢复费用+喀斯特石漠化地区居民的发展

---

①张浩，熊康宁，苏孝良，等.贵州晴隆县种草养畜治理石漠化的效果、存在问题及对策［J］.中国草地学报，2012（5）：107-113.

机会成本损失。

②基于新的生态价值当量因子法等，提出了喀斯特石漠化治理生态补偿的指标体系，及其标准测算方法：a. 整体型的生态补偿标准测算方法；b. 局部型的生态补偿标准测算方法。该方法的不同之处主要在于权重或者是概率P_i，其余的内容与 a 相同。

由此观之，这两种方法弥补了喀斯特石漠化治理生态补偿现有理论体系的研究空白。

第三，提出了测算不同类型喀斯特石漠化治理生态补偿标准的指标体系和方法。这样一来，既符合了喀斯特石漠化治理"因地制宜"的基本原则，又有利于不断提高喀斯特石漠化治理生态补偿的针对性、灵活性、实效性，以实现经济社会可持续发展。

第四，提出了喀斯特石漠化治理生态补偿的三种运作模式：横向生态补偿模式、纵向生态补偿模式、政府和市场有效融合的生态补偿模式，从而进一步丰富和发展了喀斯特石漠化治理生态补偿的研究体系。

第五，提出了推进喀斯特石漠化治理生态补偿的对策建议。本论文从民族学、经济学、法学、地理学以及生态学等学科的角度，提出了不断加强对基础性水利建设、植被保护与建设、特色农业发展、"农业+林业"的社会资本与政府合作模式的定向性财政支持力度；不断加大普惠金融的支持力度；不断发掘和弘扬少数民族的优秀传统文化；大力引进高层次人才，并且发展教育；不断加强兼具区域性和行业特色的法制建设。这样一来，就更加完善了喀斯特石漠化治理生态补偿的现有理论体系。

1.1.2.2 现实意义

第一，有利于将贵州省黔西南布依族苗族自治州喀斯特石漠化治理生态补偿的好经验、好做法等，推广至其他喀斯特石漠化严重区域，从而保护该区域的生态环境安全，促进经济社会实现可持续发展和各民族团结。黔西南布依族苗族自治州位于珠江流域的上游分水岭区域，由于该区域喀斯特石漠化严重，导致岩石裸露、植被稀疏以及涵养水源能力降低，水土流失严重，调蓄洪涝灾害的水平不高。大量的泥沙流发生在珠江流域，造成下游淤积，河道变得狭窄、淤浅，水库的容积和面积逐渐减小。由此观之，其喀斯特石漠化治理生态补偿有利于维护珠江流域中下游区域的生态环境安全。① 而生态环境安全对于一个正处于经济社会转型发展的国家或者是地区而言，又是实现可持续发展的重要支撑。② 因此，黔西南布依族苗族自治州的喀斯特石漠化治理生态补偿，具有比较强的代表性。

第二，有利于产生更多的经济效益、生态环境效益以及社会效益。这样一来，既达到了提高土壤肥力，保护"两江"上游地区生态环境安全和生物多样性的目的，又减小了各类地质灾害发生的可能性。同时，还可以不断促进产业结构优化、调整，从而增加了农村劳动力的就业渠道和收入水平，提升了他们的生活质量，减少了人口对于土地的依赖，更好地保护了生态环境。③

第三，随着国际社会对生态文明建设越来越关注，我国的生态补偿研究也得到了较快的发展。然而，迄今为止，还没有形成一套比较完整的、最为成熟的，专门针对喀斯特石漠化治理的生态补偿研究体系。所以，本论文所提出的喀斯特石漠化治理生态补偿指标体系、标准测算、运作模式和对策建议等内容，能够在很大的程度上，达到丰富资金来源，高效治理喀斯特石漠化，进一步优化和完善生态补偿机制的目的。

---

① 贵州师范大学．黔西南布依族苗族自治州岩溶地区石漠化综合防治规划（2011—2020）（内部资料），2011 年 6 月：27.
② 李大光．国家安全 [M]．北京：中国言实出版社，2016：266.
③ 贵州师范大学．黔西南布依族苗族自治州岩溶地区石漠化综合防治规划（2011—2020）（内部资料），2011 年 6 月：123-126.

1.2　研究现状

众所周知，生态补偿主要是在国家财政支持之下进行的，而财政支持又具有提供公共物品等基本职能。同时，喀斯特石漠化治理是一项长期性、社会性、综合性、系统性、公益性以及复杂性的工程，属于生态环境保护。而生态环境保护也具有公共物品属性的特征，理应得到财政的支持。所以，从某种程度上讲，生态补偿与喀斯特石漠化治理之间，具有比较大的契合度。相关学者主要是从以下层面进行研究的。

1.2.1　关于喀斯特石漠化治理生态补偿的国外研究现状

全世界喀斯特的分布面积大约有 2200 万平方千米，大概占陆地面积的 15%，主要集中于一些低纬度的区域，包含东南亚、中国西南、地中海、中亚、北美东海岸、南欧、南美西海岸、加勒比以及澳大利亚的边缘地区等。而集中连片的喀斯特则主要分布于北美东部、欧洲中南部以及中国西南地区。根据国际上喀斯特的对比研究结果显示：在全世界不同生态地质环境背景的喀斯特地区之中，人类活动和喀斯特系统之间相互作用的环境效应是大不相同的。例如，北美东部与欧洲中南部的新生界碳酸盐岩，孔隙度就多达 16%~44%，具有比较好的持水性。同时，新生代地壳的抬升力度不强烈，喀斯特双层结构导致的石漠化问题与环境负面效应都不是特别突出。[①] 再加上人口对于土地的压力比较小，传统的土地经营模式大都为种草和种树，种植粮食作物主要在一些大型的洼地之中，一些半石山和石山让其自然的生

①王世杰. 喀斯特石漠化——中国西南最严重的生态地质环境问题 [J]. 矿物岩石地球化学通报, 2003（2）：120-126.

长，畜牧业是主要的农业经营模式以及利用喀斯特地貌发展生态旅游业、促进经济社会发展等因素。① 因而，从现有的相关文献来看，在国外的喀斯特区域之中，石漠化所引发的社会经济问题并不是很突出。其喀斯特方面的研究主要聚焦于：水文地质过程、喀斯特洞穴和地貌以及水土保持和生态维护等内容，② 专门针对喀斯特石漠化治理生态补偿方面的研究成果非常少。

1.2.2 关于喀斯特石漠化治理生态补偿的国内研究现状

当前，喀斯特石漠化是我国面临的三大生态环境问题之一。同时，喀斯特石漠化的治理模式与治理技术，也是我国所特有的。③ 因为生态补偿主要是在国家财政支持之下进行的，所以，本论文有必要先从财政支持喀斯特石漠化治理的层面进行考察。

例如，毛洪江（2012）④ 认为，贵州省的各级财政应该逐渐加大对喀斯特石漠化治理的投入力度。曾春花（2015）⑤ 认为，对于贵州省来讲，需要积极争取喀斯特石漠化生态修复专项资金、中央财政转移支付，而且还要加大优化和整合的力度。同时，通过使用竞争性的分配模式，持续提升这些资金的实际使用效率。曾春花、韩杰（2016）⑥ 认为，珠江流域的贵州省段应该充分使用中央政府已经发布的关于资源综合利用、生态环境保护等层面的税收优惠政策，而且还应该灵活地使用

---

①王德光.基于系统理论的小流域喀斯特石漠化治理模式研究［D］.福州：福建师范大学，2012.
②熊康宁，朱大运，彭韬，等.喀斯特高原石漠化综合治理生态产业技术与示范研究［J］.生态学报，2016（22）：7109-7113.
③熊康宁，朱大运，彭韬，等.喀斯特高原石漠化综合治理生态产业技术与示范研究［J］.生态学报，2016（22）：7109-7113.
④毛洪江.贵州省石漠化治理的五种模式及启示［J］.时代金融，2012（2）：53-57.
⑤曾春花.政府主导型的石漠化生态修复管理机制研究［J］.贵州社会科学，2015（2）：137-142.
⑥曾春花，韩杰.珠江流域贵州段石漠化生态修复管理机制研究［J］.广西师范大学学报（哲学社会科学版），2016（2）：25-30.

于与喀斯特石漠化生态修复有关的项目之中。韦克游（2016）[1] 认为，滇桂黔喀斯特石漠化片区广西壮族自治区片区规模种植和养殖的农民专业合作社应该推行强制性保险，整合各类支农资金。并且，通过完善划拨农业保险、保费补贴的机制，以更好发挥财政的支农效应，高效治理喀斯特石漠化。苏维词（2012）[2] 认为，为了促进黔桂滇喀斯特石漠化集中连片特困地区的经济社会实现可持续发展，高效治理喀斯特石漠化，国家层面应该给予这一些政策支持：①逐渐取消病险水库除险加固、大中型灌区配套改造、生态建设以及农村饮水安全等公共性、公益性建设项目的县及其以下地区的配套资金要求；②给予此区域范围之内的鼓励类企业，以 15 个百分点的所得税减免；③特色农业产业化项目执行"三免三减半"的优惠政策。刘肇军（2011）[3] 认为，对于贵州省的喀斯特石漠化严重地区来说，国家应该安排国债项目和资金用于生态移民，减轻人口对于生态环境的压力，治理喀斯特石漠化。伏润民、缪小林（2015）[4] 认为，对于我国的喀斯特石漠化地区、荒漠化地区以及土地沙漠化地区等而言，其资源环境的承载能力几乎枯竭，不可能再拥有生态外溢的价值。出于国家生态安全和发展战略层面的考虑，应该设立专项财政补助资金用于生态修复。王晋臣（2012）[5] 认为，增加以下方面的财政支持力度，有利于提高西南喀斯特地区的经济社会发展水平，治理喀斯特石漠化：①各类惠农、支农政策；②农机具补贴、粮食

---

①韦克游.滇桂黔石漠化片区农民专业合作社信贷融资约束分析及融资平台构建对策——基于广西片区调查数据 [J].南方农业学报，2016（11）：1986-1991.
②苏维词.滇桂黔石漠化集中连片特困区开发式扶贫的模式与长效机制 [J].贵州科学，2012（4）:1-5.
③刘肇军.贵州石漠化防治与经济转型研究 [M].北京：中国社会科学出版社，2011：306.
④伏润民，缪小林.中国生态功能区财政转移支付制度体系重构——基于拓展的能值模型衡量的生态外溢价值 [J].经济研究，2015（3）：47-61.
⑤王晋臣.典型西南喀斯特地区现代农业发展研究——以贵州省毕节地区为例 [D].北京：中国农业科学院，2012.

直补；③农业投入品补贴；④重大农村、农业建设项目；⑤关键技术的研发与典型示范基地建设项目；⑥农田基础设施建设项目。苗建青（2011）① 认为，生态农业技术有利于喀斯特石漠化治理，由于其具有公共产品的属性，所以，需要加大财政支持的力度。在这之中，财政政策的支持重点主要是封山育林育草、退耕还林还草以及土地治理等生态工程项目，而财政支出的重点则主要是农户的生活补助、施工费用。苏维词、杨华、李晴、郭跃、陈祖权（2006）② 认为，对于西南喀斯特石漠化地区而言，国家应该成为防治喀斯特石漠化的主体，并且把这一项目纳入基本建设计划当中。通过财政转移支付等方式，分阶段对不同区域的喀斯特石漠化治理进行投资，要把公益性治理模式逐渐转变为利益性治理模式。在此过程中，地方政府也应该按照一定的比例，提供配套资金支持。

与此同时，从理论上讲，财政支持属于"输血"式的支持手段，长时间来看，并不能够完全适应中国特色社会主义进入新时代的发展要求。金融是现代经济社会发展的核心与"命脉"，而且是属于"造血"式的支持手段，所以，国家层面提出了财政和金融相结合支持喀斯特石漠化治理的思路，期望达到通过财政支持"撬动"金融资本，进而实现喀斯特石漠化治理资金来源渠道多样化的目的。为此，学者们也进行了相关的研究。

例如，汪娇柳（2009）③ 认为，对于贵州省的喀斯特石漠化防治地区来讲，应该进一步增加和完善税收、财政、投资、补贴、规费、汇率

---

① 苗建青.西南岩溶石漠化地区土地禀赋对农户采用生态农业技术行为的影响研究——基于农户土地利用结构的视角 [D].重庆：西南大学，2011.

② 苏维词，杨华，李晴，等.我国西南喀斯特山区土地石漠化成因及防治 [J].土壤通报，2006（3）：447-451.

③ 汪娇柳.可持续发展视角下贵州石漠化防治区产业转型与制度设计分析 [J].贵州社会科学，2009（8）：75-78.

以及融资等财政政策、金融政策的激励力度和激励条款。邓家富(2014)① 认为，对于黔西南布依族苗族自治州来说，国家财政的转移支付、税收以及投融资等方面的差异化政策，有利于喀斯特石漠化治理，可提高农民收入。蔡志坚、蒋瞻、杜丽永、张玲、杨加猛、谢煜(2015)② 认为，对于黔西南布依族苗族自治州晴隆县的畜牧养羊业来讲，既需要积极争取国家和省上的退耕还草项目资金，也需要利用贴息贷款或者是低息贷款的方式支持养羊户。潘泽江、潘昌健（2016）③ 认为，①健全农业保险体系，降低喀斯特石漠化区域贫困人口的生计重构风险，并且按照灾害的损失比例进行相应的赔偿；②健全农村财政金融制度，提高对该区域的生态补偿，并且增加扶贫资金的效益，达到扶贫资金高效使用的目的；③利用财政贴息贷款、乡村银行、农户小额信用贷款以及社区银行等，支持农业发展；④探索利用土地流转机制，把补贴转化为激励机制，"施展"出财政资金的杠杆作用，有利于我国西南地区的喀斯特石漠化治理。高贵龙、邓自民、熊康宁、苏孝良等(2003)④ 认为：治污税收抵免政策、环境损害责任保险制度、以投资的形式激励企业进行生态储蓄与环境储蓄等，有利于贵州省的喀斯特石漠化治理。苏维词、张中可（2004）⑤ 认为，以下措施有利于贵州省喀斯特地区的城市化进程，治理石漠化：①健全市场补偿和政府投入之间相结合的投融资体制，对于社会性强或者是非经营性项目，实行全部由

①邓家富.黔西南州石漠化治理的主要做法及成功模式 [J].中国水土保持，2014（1）：4-7+23.

②蔡志坚，蒋瞻，杜丽永，等.退耕还林政策的有效性与有效政策搭配的存在性 [J].中国人口.资源与环境，2015（9）：60-69.

③潘泽江，潘昌健.西南石漠化区生计重构农户的科技需求及影响因素分析——来自黔西南布依族苗族自治州种草养羊项目的调查 [J].中南民族大学学报（人文社会科学版），2016（1）：122-127.

④高贵龙，邓自民，熊康宁，等.喀斯特的呼唤与希望——贵州喀斯特生态环境建设与可持续发展 [M].贵阳：贵州科技出版社，2003：232-234.

⑤苏维词，张中可.贵州（喀斯特地区）城市化过程特点及其调控途径研究 [J].贵州科学，2004（3）：24-28，43.

政府财政预算投入，而对于可以收费或者是经营类项目，则应该逐渐增加市场竞争机制，鼓励有实力的外商与企业投资。②鼓励利用资本市场与间接融资模式获取资金，可以优先对省内条件比较好的贵阳市、安顺市、六盘水市以及遵义市等大中型城市当中的市政公用企业，进行股份制改造、资本结构优化和资产重组。试验通过发行市政设施建设债券、股票市场融资获取建设资金的成效，然后，再逐步向其他地区推广。③继续改革城市化方面的投资管理体制，形成"投入—产出—积累—再投入"的协调发展循环"链条"。吴协保、但新球、白建华、吴照柏（2015）①认为，在喀斯特石漠化综合治理一期工程当中，通过加大集体林权制度改革、国家财政投资，并且积极探索森林资产评估、林地流转、森林保险、金融服务以及林权抵押贷款等有关配套措施，逐渐完善了生态建设、林业发展以及喀斯特石漠化治理等方面的财政金融支持体系。

在此，需要特别说明的是，由于喀斯特石漠化治理工程的资金需求量大、缺少抵押担保物、利润率低以及灾害风险高等原因，金融机构出于"成本—利润"、防控风险等要素的考量，通常就会采取"惜贷"等应对措施，以避免因为贷款无法顺利收回等缘故，而造成比较大的损失。为了提升金融支持喀斯特石漠化治理的积极性，国家财政或者是银行业金融机构往往会出台贴息贷款等各类优惠政策、措施，但是，仍然显得"杯水车薪"，难以实现上述所说的通过财政支持"撬动"金融资本的愿望。据悉，当前的喀斯特石漠化治理主要还是以财政支持为主导。因此，本论文对财政与金融相结合支持喀斯特石漠化治理问题，就不予深入地探讨。

---

①吴协保，但新球，白建华，等. 石漠化综合治理二期工程创新管理机制探讨 [J]. 中南林业调查规划，2015（4）：62-66.

　　除此之外，对于财政支持喀斯特石漠化治理来说，在一定程度上，也属于生态投资的范畴。根据生态资本理论可知：通过不断增加生态方面的投资，能够明显提高生态资本的价值。然而，不容忽视的一个事实就是，这一方面的投资经常带有公益的性质。倘若得不到相应的收益，要想保持长时间投资就会变得非常困难。[①] 所以，应该设计一种可以保证喀斯特石漠化治理参与者或者是投资者取得合法、合理收益。喀斯特石漠化治理受益者需要支付费用，而导致喀斯特石漠化形成的行为又要受到惩罚的体制机制。因此，喀斯特石漠化治理的生态补偿研究应运而生。相关学者主要也是基于财政支持的视角，研究喀斯特石漠化治理的生态补偿问题。

　　例如，褚光荣（2015）[②] 认为，喀斯特石漠化地区应该实行包容性贫困治理，其路径主要包括，生态补偿、经济开发、人口迁移、文化保留、社会救助、教育投资以及权利赋予等。其中，生态补偿是指在喀斯特石漠化地区之中的禁止开发区，应该利用生态补偿模式增加贫困人口的收入水平。苏维词、张中可、滕建珍、朱文孝（2003）[③] 认为：长江流域、珠江流域中下游生态治理受益地区应该拿出一定的资金用于补偿贵州省山区因为开展喀斯特石漠化治理退耕还林项目而导致的经济发展损失，促进各区域生态与经济协调发展。刘彦随、邓旭升、胡业翠（2006）[④] 认为，水源林保护有利于广西壮族自治区的喀斯特石漠化治理，应该建立起相应的生态补偿机制，并且还应该创新收益再分配制

① 常亮. 基于准市场的跨界流域生态补偿机制研究——以辽河流域为例 [D]. 大连：大连理工大学，2013.

② 褚光荣. 包容性治理：石漠化地区的减贫与发展的新思路 [J]. 云南师范大学学报（哲学社会科学版），2015（4）：15-22.

③ 苏维词，张中可，滕建珍，等. 发展生态农业是贵州喀斯特（石漠化）山区退耕还林的基本途径 [J]. 贵州科学，2003（Z1）：123-127.

④ 刘彦随，邓旭升，胡业翠. 广西喀斯特山区土地石漠化与扶贫开发探析 [J]. 山地学报，2006（2）：228-233.

度、调整各相关利益主体之间的经济关系。程安云、王世杰、李阳兵、白晓永、倪雪波（2010）① 认为，西南喀斯特地区石漠化治理生态补偿的实质是下游区域与国家通过经济的形式，补偿上游区域因为生态建设而造成的经济发展损失，目的是保护国家的生态安全、国土安全，促进各区域协调、公平、可持续发展。张军以、戴明宏、王腊春、苏维词（2014）② 认为，桂黔滇喀斯特石漠化治理地区的"喀斯特贫困"现象较为突出，其生态补偿应该根据微观层面、中观层面的特征分步骤进行，并且还需要明确生态补偿的标准、对象、形式以及时间，注重调动该区域人民群众的参与积极性等。甘海燕、胡宝清（2016）③ 认为，广西壮族自治区喀斯特石漠化治理的生态补偿应该包含：水资源补偿、矿产资源开发补偿、生态林补偿等内容。田秀玲、倪健（2010）④ 认为，喀斯特石漠化治理生态补偿标准应该根据各地区的经济发展状况和自然环境条件制定，尤其是在退耕还林还草方面。同时，还应该从法律制度层面保障生态补偿机制的执行。吴协保、屠志方、李梦先、但新球、吴照柏（2013）⑤ 认为，除了继续完善以森林生态效益补偿作为主导的喀斯特石漠化治理生态补偿制度之外，还应该探索建立以流域作为基本单元的"谁受益、谁补偿，谁保护、谁受益"的生态补偿同馈机制，增加治理资金的来源渠道，保护上游居民的切身利益，促进喀斯特石漠化

---

① 程安云，王世杰，李阳兵，等.贵州省喀斯特石漠化历史演变过程研究及其意义 [J].水土保持通报，2010（2）：15-23.
② 张军以，戴明宏，王腊春，等.生态功能优先背景下的西南岩溶区石漠化治理问题 [J].中国岩溶，2014（4）：464-472.
③ 甘海燕，胡宝清.石漠化治理存在问题及对策——以广西为例 [J].学术论坛，2016（5）：54-57，109.
④ 田秀玲，倪健.西南喀斯特山区石漠化治理的原则、途径与问题 [J].干旱区地理，2010（4）：532-539.
⑤ 吴协保，屠志方，李梦先，等.岩溶地区石漠化防治制约因素与对策研究 [J].中南林业调查规划，2013（4）：68-72.

地区经济社会实现可持续发展。赵墅艳（2012）① 认为，贵州省喀斯特石漠化治理生态补偿制度的确立原则，应该遵循极强度石漠化地区与强度石漠化地区不能够再继续开发，必须采取封山育林的措施；中度石漠化地区以生态恢复作为主导；而轻度石漠化地区则对正在开采或者是新建的林场、矿山等，以林木新植、土地复垦作为核心，设立生态补偿保证金制度。王信建（2007）② 认为，喀斯特石漠化地区的采矿、水电等工业企业需要进一步完善生态恢复治理责任机制，并且从其开发收益之中，拿出一定比例的资金用于生态补偿。同时，对于达到地方公益林生态补偿标准的项目，政府应该在原有财政投资的基础之上，再辅以多元化的方式，给予相关投资者合理的生态补偿。池永宽、王元素、张锦华、董颖苹、周文龙、李莉、赵盼弟、张浩（2013）③ 认为，贵州省是中国南方喀斯特的中心地区，特别的气候条件和地质地貌，导致水土资源非常容易流失，可以考虑通过保护与合理开发使用天然草地，防治喀斯特石漠化和水土流失。因而，对其地上部分生态系统当中的生态服务功能价值进行有效评估，可以为生态补偿机制的构建，提供重要的参考依据。

　　综上所述，上述这些学者主要是从国家层面、省级层面、地方层面以及区域层面，研究财政（生态补偿）支持与喀斯特石漠化治理之间关系的，侧重于分析脱贫攻坚、"三农"经济发展、产业发展以及生态环境保护等内容，取得了一定的研究成果。但是，还存在着一系列的不足之处，主要表现在：

---

① 赵墅艳. 贵州地区防治石漠化法律机制的构建 ［J］. 贵州民族大学学报（哲学社会科学版），2012（4）：29-31.
② 王信建. 加快石漠化地区植被建设　实现生态改善和农民增收 ［J］. 林业经济，2007（10）：30-33.
③ 池永宽，王元素，张锦华，等. 石漠化背景下贵州天然草地生态系统服务功能价值初步评估 ［J］. 广东农业科学，2013（23）：163-166.

第一，关于喀斯特石漠化治理财政支持的定性分析非常多，而定量分析则显然不足，特别是缺乏与喀斯特石漠化治理财政支持成效评估有关的定量分析。

第二，喀斯特石漠化治理是一项长期性、综合性、系统性、复杂性、社会性以及公益性的生态环境保护工程，而且国家财政支持又是主导力量，所以，对其成效进行评估需要选择更多的指标。但是，绝大多数学者却没有从经济学等角度，构建出一套相对完整的财政支持喀斯特石漠化治理成效评估指标体系。

第三，绝大多数学者并没有更为深入地研究国家给予少数民族地区的相关优惠政策，在喀斯特石漠化治理方面的具体实施途径和措施。例如，《中华人民共和国民族区域自治法》第56条规定："国家在少数民族自治地方安排基础设施建设，需要少数民族自治地方配套资金的，根据不同情况给予减少或者是免除配套资金的照顾。"而在喀斯特石漠化综合治理过程当中，许多项目就属于是基础设施建设类项目，但是，绝大多数学者没有更为深入地研究这些优惠政策在喀斯特石漠化治理之中的具体实施途径和措施。

第四，在已有的财政与金融相结合支持喀斯特石漠化治理研究方面，学者们的研究思路还比较保守，并没有具体、明确的提出，诸如，PPP等最新模式在喀斯特石漠化治理领域的应用建议。

第五，在生态补偿支持喀斯特石漠化治理研究方面，这些学者主要聚焦在林业领域，而对于与喀斯特石漠化治理相关的草业、农业以及当地居民发展机会成本损失等内容，则关注度相对较低。在他们所提出的措施之中，并没有更多地考虑到不同类型喀斯特石漠化治理的生态补偿指标体系和标准之区别，而且也是以定性分析作为主导，没有提出一个比较合理、客观的生态补偿指标体系和标准测算模型及其依据。同时，他们侧重于对纵向生态补偿模式的研究，而对于横向生态补偿模式、政府与市场有效融合的生态补偿模式的研究相对较少。

因此，本论文将对这一些内容进行相应的探讨。

1.3 研究方法、研究路线

1.3.1 研究方法

（1）规范分析与实证分析相结合。在本论文当中，首先会对喀斯特石漠化治理生态补偿的主要概念、典型模式、标准测算方法、基本原理以及指标体系等内容进行规范分析，然后，辅以相应的仿真测算过程。

（2）实地调研。通过对贵州省及其黔西南布依族苗族自治州、广西壮族自治区、云南省的喀斯特石漠化治理典型区域与主管部门进行实地调研，能够加深对喀斯特石漠化治理生态补偿等问题的认识，从而为本论文的对策建议等内容，打下牢固的基础。

（3）相关学科领域软件的应用。为了直观、准确地表明喀斯特石漠化治理生态补偿（财政支持）的成效和应用，本论文还会运用到R软件及其PLM函数包等。

（4）文献研究法。通过阅读、检索以及总结提炼国内和国外关于喀斯特石漠化治理生态补偿方面的研究文献、政策文件等，了解学术界、政府部门目前对于该问题的研究现状，然后，识别其中的不足之处，从而找准本论文的重点研究方向、研究思路等。

1.3.2 研究路线

本论文将会按照下图所示的框架结构进行，还会注意到理论与实践相结合、地点与时间的变化等因素。

1.4 论文可能的创新之处

喀斯特石漠化治理是典型的生态环境保护问题、亟待解决的经济社会发展问题，从生态补偿的层面开展研究是基于现实和理论的必然选择，有利于进一步完善喀斯特石漠化的治理体系。

本论文基于以上论述所提出的研究思路、研究方法以及框架结构等，围绕生态补偿的指标体系、标准测算、运作模式和对策建议，重点研究了贵州省黔西南布依族苗族自治州的喀斯特石漠化治理，从理论方面为贵州省、云南省和广西壮族自治区等其他相关区域，进行财政支持喀斯特石漠化治理等研究，提供了新的视角。具体而言，有以下可能的创新之处：

（1）财政支持喀斯特石漠化治理的评价指标体系的构建及其成效评估模型。本论文从林业发展治理措施、农业发展治理措施、水利建设治理措施的层面，构建了财政支持喀斯特石漠化治理的评价指标体系，然后，运用主成分分析法建立混合效应模型，并且使用R软件及其PLM函数包等，进行相应的仿真测算，以准确评估财政支持喀斯特石漠化治理的实际效果。

（2）喀斯特石漠化治理的生态补偿标准测算模型及其指标体系的提出，有利于丰富喀斯特石漠化治理的资金来源渠道，高效治理喀斯特石漠化。主要表现在：

①依靠主成分分析法等方法的基本思想，拓展性地提出了喀斯特石漠化治理生态补偿的指标体系，及其标准测算＝林地、耕地、草地的生态破坏损失＋喀斯特石漠化的生态恢复费用＋喀斯特石漠化地区居民的发展机会成本损失。

②基于新的生态价值当量因子法等，提出了喀斯特石漠化治理生态补偿的标准测算方法，及其指标体系：

a. 整体型的生态补偿标准计算方法，这种方法的计算公式如下所示：

$$F = F_{林地} + F_{耕地} + F_{草地} = \sum_{i=1}^{3} F_i$$

式中，i 代表的是喀斯特石漠化土地的类型，主要包括：林地、耕地、草地；F 代表的是研究区域（局部地区）喀斯特石漠化治理的生态补偿费，单位：元；$F_{林地} = F_1$，代表的是喀斯特石漠化治理之中林地的生态补偿费，单位：元；$F_2 = F_{耕地}$，代表的是喀斯特石漠化治理当中耕地的生态补偿费，单位：元；$F_3 = F_{草地}$，代表的是喀斯特石漠化治理之中草地的生态补偿费，单位：元。而生态补偿费 F 的计算方法又如下所示：

$$F_i = \frac{a_i}{b} \times b' \times R_i \times M_i$$

式中，a_i 表示的是全局地区之中（如贵州省等）的林地、草地、耕地喀斯特石漠化面积，单位：公顷；b 表示的是全局地区当中（如贵州省等）的喀斯特面积，单位：公顷；b' 表示的是局部地区当中（如黔西南布依族苗族自治州等）的喀斯特面积，单位：公顷；R_i 表示的是喀斯特石漠化地区之中林地、耕地、草地分别对应的生态价值当量因子；M_i 表示的是喀斯特石漠化地区当中，林地、耕地、草地分别对应的单位生态价值当量所产生的价值，单位：元/公顷。同时，令 $P = \frac{a_i}{b}$ 表示在单位喀斯特面积之下，所导致的石漠化面积，单位：公顷。

b. 局部型的生态补偿标准计算方法，该方法的不同之处主要在于权重或者是概率 P_i，其计算公式如下所示：

$$P_i = \frac{1}{n} \sum_{j=1}^{n} \frac{a_{ij}}{b_j}$$

其中，$i = 1, 2, 3$；$j = 1, 2, \cdots, n$ 表示的是所需要测量数据的次数。

$$F_i = P_i \times b \times R_i \times M_i$$

式中，b 表示的是研究年份该地区的喀斯特面积（如黔西南布依族苗族自治州等），单位：公顷；b_j 表示的是研究区域在第 j 次所测得的喀斯特面积，单位：公顷；a_{ij} 表示的是第 i 个属性（林地、耕地或者草地）在第 j 次所测得的喀斯特石漠化面积，单位：公顷；其余的与前述的内容相同。

（3）提出了测算不同类型喀斯特石漠化治理生态补偿标准的方法和指标体系，有利于增强针对性，进一步提高治理的成效：

$$w_i = \frac{S_i \times r_i}{\sum_{j=1}^{4} S_j \times r_j}$$

式中，w_i 表示的是各种类型喀斯特石漠化治理生态补偿标准所占的比例，单位：%；S_i 表示的是在第 i 个强度之下，喀斯特石漠化的面积，单位：公顷；r_i 表示的是第 i 类喀斯特石漠化的权重（重要性值），单位：%；$i = 1, 2, 3, 4$，分别表示的是轻度石漠化、中度石漠化、强度石漠化、极强度石漠化。

（4）提出了喀斯特石漠化治理生态补偿的三种运作模式：横向生态补偿模式、纵向生态补偿模式、政府和市场有效融合的生态补偿模式。

（5）提出了推进喀斯特石漠化治理生态补偿的对策建议。不断加强对基础性水利建设、植被保护与建设、特色农业发展、"农业+林业"的社会资本与政府合作模式的定向性财政支持力度；不断加大普

惠金融的支持力度；不断发掘和弘扬少数民族的优秀传统文化；大力
引进高层次人才，并且发展教育；不断加强兼具区域性和行业特色的
法制建设。

第二章 喀斯特石漠化治理生态补偿的相关理论基础

2.1 概念界定

对喀斯特石漠化和生态补偿的概念进行界定，有利于准确把握后续的研究思路、研究方向等。

2.1.1 喀斯特石漠化

石漠化是主要发生在喀斯特地貌之上的生态环境问题，所以，有必要先界定喀斯特的概念。

2.1.1.1 喀斯特

喀斯特，又可以被称之为岩溶，来源于前南斯拉夫的第纳尔（karst）高原，原来的意思为石头。具体是指水对石膏、碳酸盐岩等可溶性岩石进行的地质作用，其主导力量为地球化学的溶蚀作用，而辅助力量则为流水的潜蚀、冲蚀与崩塌等机械作用，及其来源于这些作用而导致的其他现象的总和。在这基础之上所形成的地貌类型，就称其为岩溶地貌或者是喀斯特地貌。喀斯特（岩石圈）和水圈、气圈以及生物圈之间的耦合，形成了独具特色的喀斯特自然生态环境。①

我国是世界上喀斯特最为集中、面积最大的国家，其主要分布在：贵州省、广西壮族自治区、云南省、四川省、西藏自治区、湖北省、湖南省、山西省、河北省以及山东省等。在这些地区之中，作为亚热带强烈喀斯特化高原山区的贵州省，其喀斯特既在世界上与中国拥有非常重要的地位和典型性，而且还是最为重要的一个基本省情。② 究其原因，主要在于：

（1）贵州省是全世界三大连片喀斯特发育地区之中的东亚片区的中心地带，并且还连接着广西壮族自治区北部、云南省东部、湖南省西部以及四川省东南部等地区，是世界上喀斯特面积最大，喀斯特地区最为集中，喀斯特地貌发育最为复杂、最为特别、景观类型最为繁多的地区。③

（2）导致贵州省喀斯特地貌发育的基岩分布非常广泛、厚度大、相对面积很高、较为连片集中。无论是对于中国，还是世界上其他国家来说，都是非常少见的。同时，从距今天大约6亿年之前的元古宙震旦纪至1.89亿年以前的三叠纪，在每个地质时代的地层当中，都会出现不同面积、不同厚度的碳酸盐岩。所以，从地质、地理环境的层面进行考察，贵州省是中国名副其实的"喀斯特省"。④

（3）贵州省有95%的市、县拥有喀斯特地貌，只有赤水市、剑河县、雷山县以及榕江县基本上没有。在这当中，有3/4的市、县喀斯

①高贵龙，邓自民，熊康宁，等.喀斯特的呼唤与希望——贵州喀斯特生态环境建设与可持续发展［M］.贵阳：贵州科技出版社，2003：1.
②高贵龙，邓自民，熊康宁，等.喀斯特的呼唤与希望——贵州喀斯特生态环境建设与可持续发展［M］.贵阳：贵州科技出版社，2003：1-7.
③高贵龙，邓自民，熊康宁，等.喀斯特的呼唤与希望——贵州喀斯特生态环境建设与可持续发展［M］.贵阳：贵州科技出版社，2003：1-7.
④高贵龙，邓自民，熊康宁，等.喀斯特的呼唤与希望——贵州喀斯特生态环境建设与可持续发展［M］.贵阳：贵州科技出版社，2003：1-7.

特面积占土地面积的 1/2 以上，有 49% 的市、县喀斯特面积占土地面积的 70% 以上，有 30% 的市、县喀斯特面积占土地面积的 50%～70%，还有 8% 的市、县喀斯特面积占土地面积的 30%～50%。由此可见，这在全国都是实属罕见的。[①]

（4）贵州省因为是半裸露型、裸露型喀斯特地貌的一个主要分布地区，所以，喀斯特的发育强烈，地貌种类多种多样，水文结构复杂，大部分的洞穴长、深，是所有喀斯特地貌类型与形态都较为齐全的区域。而且，碳酸盐岩的分布面积非常广泛，脆弱的喀斯特环境效应十分显著。反观地质历史发展过程，从距今天 2460 万年的第三纪以来，在湿润的亚热带与热带气候条件下，地壳的长时间间歇性隆升，导致流水的侵蚀切割强烈，地块构造逐渐向着高原——峡谷、高原山地等地貌转化。同时，溶蚀动力更加促使喀斯特地貌发育变化，使得高原面被其切割、分解，形成了全世界锥状喀斯特景观类型最为丰富、发育最为典型的喀斯特高原山地地区。地表有峰林、石峰矗立，溶丘此起彼伏，绵延、耸立的峰丛嵌入谷地、盆地之中，落水洞、漏洞以及洼地星罗棋布，溶沟、石芽可以在地表上面随处见到，还有独具特色的天生桥、多潮泉、瀑布以及穿洞等样式。因为喀斯特地貌发育良好，所以，造成了地表崎岖不平，地形破碎。而地下形态则以溶洞、溶隙以及地下河作为主导，还和碳酸盐岩一起，组成了双重含水介质，地下水资源丰富。[②]

（5）亚热带半裸露型、裸露型喀斯特生态环境系统对人类经济社会的可持续发展、自然生态环境等，产生了很多正反馈效应和负反馈效应。贵州省的地下、地表发育着喀斯特地貌，形成了典型的地下、地表

①高贵龙，邓自民，熊康宁，等．喀斯特的呼唤与希望——贵州喀斯特生态环境建设与可持续发展［M］．贵阳：贵州科技出版社，2003：1-7．
②高贵龙，邓自民，熊康宁，等．喀斯特的呼唤与希望——贵州喀斯特生态环境建设与可持续发展［M］．贵阳：贵州科技出版社，2003：1-7．

双层结构（二元结构）。在一些溶洞之中，各种各样的钙质沉积形态，还构造了一个美丽而又神秘的地下世界。贵州省喀斯特发育的另外一个特点，就是浅覆盖型与裸露型的喀斯特分布范围广泛。在一些负地形当中，如谷地、盆地、洼地以及风化壳残存的地方等，一般而言，土层都是比较厚的，厚者高达 20 米以上，而薄者则在 2 米以下，形成了一个浅覆盖型的喀斯特地区。对于广泛分布的石峰坡面与峰丛山地上面的土层而言，除了溶槽、溶沟以及凹坡山麓等地方的土层比较厚以外，其余的一般都在 40 厘米左右，并且还有基岩裸露出来。在 25 度以上的自然坡地上面，岩石的裸露率为 15% ~ 70%，土层零星分布，而且还不连续，导致了裸露型、半裸露型喀斯特地貌的形成。这一些地方的生态环境是极其脆弱的。①

（6）贵州省复杂的人地生态系统和脆弱的喀斯特环境，导致了许多生态环境问题和经济社会发展问题的产生，这是贵州省"社会—自然"背景当中最基本的一个省情，也是贵州省在我国传统农业发展过程之中阻力重重、效果不佳的根本原因。②

在此，需要特别说明的是，脆弱性是喀斯特环境的本质特征，③ 主要表现在以下几个方面：

（1）生态系统的变异敏感度非常高。在喀斯特环境里面，第一性生产者是植物群落，以它为生的微生物与动物一起结合形成了一个生态系统。然而，在这个生态系统当中，能量、物质的转化却是敏感、脆弱的，不可能像非喀斯特生态系统那样，经过食物网、食物链进行。一旦发生诸如破坏森林等现象，这一生态环境之中的能量与物质交换就会停

---

① 高贵龙，邓自民，熊康宁，等. 喀斯特的呼唤与希望——贵州喀斯特生态环境建设与可持续发展［M］. 贵阳：贵州科技出版社，2003：1-7.
② 高贵龙，邓自民，熊康宁，等. 喀斯特的呼唤与希望——贵州喀斯特生态环境建设与可持续发展［M］. 贵阳：贵州科技出版社，2003：1-7.
③ 杨明德. 喀斯特研究——杨明德论文选集［M］. 贵阳：贵州民族出版社，2003：228-237.

止，生态系统就会失去平衡。最终，出现喀斯特石漠化等不利于人类生活、生产、生存的环境条件。此时，生态环境已经逆向恶化到非常严重的地步了，要想恢复变得十分困难。[1] 这主要是因为：

①"土壤—森林"层是促使喀斯特生态系统良性循环与均衡发展的根本因素。森林具有涵养水资源，给微生物的相关活动创设合适环境，熟化土壤资源，持续为土壤肥力的上升积累腐殖质层等功能。这样一来，既可以保水、蓄水，也能够在一定的空间与时间尺度方面管理水量的时空变化，提防因为地表径流而造成的水土流失，而且可促进水分慢慢下渗，以补偿喀斯特地下水，为森林植被的成长提供水分与营养支持。并且，森林还能够调整一定空间作用层之内的大气的温度与湿度，发挥调节气候的功能。根据相关的研究表明：与无林地相比较，1亩林地可以多截留20立方米的水量，森林覆盖区域能够降低一年之中地表径流的1/2，提高相对湿度15%~25%，减少日平均气温3.5摄氏度以上。由此可见，森林可以为喀斯特生态环境系统的良性循环，能量、物质的正常转化，保持其中的低熵等，提供巨大的支持。总而言之，"土壤—森林"层是保障喀斯特生态环境系统良性循环的首要因素。如果破坏植被，就会打破生态链能量、物质交换的均衡状态，正熵突然上升，并且熵增的敏感度大大高于非喀斯特地区之中的常态森林植被。[2]

②土层不厚，土被不连续，形成土壤的时间漫长。对于喀斯特地区而言，一般土层不厚，而且其变化的幅度大。例如，在贵州省的大多数地区之中，土层的厚度大部分都在30厘米之下，并且会在碳酸盐岩的裂隙里面瞬间变厚，而在其表面上则变得马上缺失或者是变薄。同时，

①杨明德.喀斯特研究——杨明德论文选集［M］.贵阳：贵州民族出版社，2003：228-237.
②杨明德.喀斯特研究——杨明德论文选集［M］.贵阳：贵州民族出版社，2003：228-237.

土被不连续分布。一般来说，在喀斯特盆地、谷地以及洼地之中，土层比较厚，分布也比较连续。但是，在喀斯特山丘坡地上面，土壤就会出现不连续分布的状态，呈现出缺失或者是"岩浪土"现象。这与喀斯特母岩的风化速度、成分以及地貌形态相关。碳酸镁与碳酸钙等易溶性物质是碳酸盐岩的主要成分，所以，在喀斯特作用当中，容易发生淋溶流失，只可以风化溶滤残留下1%~5%的酸不溶物质。此外，非常缓慢的成土速度会造成土层不厚的弱点，再加上坡度大、风化土层不容易保持、地形破碎、剥蚀强烈、洼地堆积以及坡地剥蚀等不足之处，导致土被不连续、光岩裸露以及土壤厚度变化大等特点。[①]

③容易发生水土流失。喀斯特地区的土壤覆盖层往往会出现AF-D型剖面，并且碳酸盐岩土壤和母岩之间拥有显著的硬软界面，没有过渡层（C层），造成岩石和土壤之间的黏着力和亲和力不强，当出现暴雨的时候，就会出现块体滑移与水土流失。同时，诸如贵州省等典型的喀斯特地区，长时间以来都处于亚热带、热带湿热性气候条件之下，化学淋溶作用强烈，所以，导致风化物质里面比较高的、小于0.001毫米的黏粒向下垂直移动，形成了上层土壤的质地轻，孔隙度多达1/2，水分下渗容易，而下层土壤的质地黏重、渗透性低、孔隙度小的局面。这又是一个物理性状大不相同的界面，容易造成水土流失。如果再有森林植被被破坏等现象发生，水土流失的速度就会加大，生态环境就会朝着持续恶化的方向发展，最终，形成喀斯特石漠化。[②]

④喀斯特环境对植物的选择非常"挑剔"。导致喀斯特生态环境系统脆弱、敏感的原因，还有乔木的生长速度缓慢和植物选择的"挑剔"性。只有具有耐旱性、喜钙性以及石生性的根系与植物种群，才可以攀

---

①杨明德. 喀斯特研究——杨明德论文选集［M］. 贵阳：贵州民族出版社，2003：228-237.
②杨明德. 喀斯特研究——杨明德论文选集［M］. 贵阳：贵州民族出版社，2003：228-237.

附岩石、在裂缝里面获得营养，在土层不厚、包含钙质非常大、容易发生干旱的石灰土之中，求得生存，继续生长发育。[1]

（2）环境的容量非常小。因为喀斯特环境当中的植物种群较为单一，岩生性植物的生产数量不大，可以承载的动物数量与种群数量也比较小，并且为人类生存与发展所必须的土地，不仅仅质量不佳，单位面积比例不大，而且物质生产潜力和实际生产力也很小。所以，该环境不可能供养过多的人口。然而，实际的情况却是，像贵州省这样的喀斯特地区人口密度却相当大（表2-1），形成了"人多—破坏生态环境—水土流失—降低土地质量—喀斯特石漠化—农业发展水平较为落后—经济社会发展程度比较低—贫困面积比较大"的恶性发展"链条"。[2]

表2-1 贵州省的人口密度（单位：人/平方千米）

年份	贵州省
2006	225
2007	226
2008	215
2009	216
2010	197
2011	197
2012	198
2013	199
2014	199
2015	200
2016	200

数据来源：贵州省统计局。

---

①杨明德. 喀斯特研究——杨明德论文选集［M］. 贵阳：贵州民族出版社，2003：228-237.
②杨明德. 喀斯特研究——杨明德论文选集［M］. 贵阳：贵州民族出版社，2003：228-237.

（3）承受灾害变化阈值的弹性非常低。① 主要表现在：

①喀斯特环境污染容易，治理却很困难。喀斯特环境是由地下、地表系统构成的一个二元系统结构，在裸露型喀斯特地区当中，渗透的土层不厚，植被覆盖率比较低，地表上面的洼地、漏斗、竖井、落水洞以及溶隙等发育良好，而且往往和地下的暗河、溶洞以及管道系统发生联系，地下水、地表水之间的交替循环比较强烈，大气降水又以注入的方式进行补偿，而作为溶剂与载体的喀斯特水的交换速度快，废液和污水不仅仅没有缓冲容量的空间，也没有给吸附、过滤和离子交换等净化作用预留充足的时间，甚至差不多就是以原来的浓度直接通过地表排放至地下系统。同时，对于喀斯特地下水而言，没有阳光，能够溶解的氧含量低，微生物数量少、繁殖的速度缓慢，导致水里面的相关元素不容易被分解、吸收以及氧化，使得污染源能够以"点—线—面—体"的独特形式，从地面往地下迅速大范围地扩散，全方位污染了地表、大气、地下、土壤以及水的三维空间体，其治理的难度可想而知。②

②容易发生塌陷。这并不是喀斯特地区所专有的生态环境地质灾害，然而，其发生的频繁性、普遍性以及规模性，却是非喀斯特地区所不具备的。其实，塌陷会受到环境系统及其外部、内部的阈值管理限制，这是喀斯特地貌的一个构造过程。在喀斯特地区的旅游景点当中，通常都存在。其实质为通过地下喀斯特发育物质的变化，形成并且增加了空洞，当其大于稳定临界值的时候，地面塌陷就发生了。除此之外，塌陷又会污染喀斯特水，使得其 pH 减小，造成盐溶作用与同离子效应，增大了溶蚀性，发育了地下空洞。因而，还会再次造成塌陷的出

---

①杨明德. 喀斯特研究——杨明德论文选集［M］. 贵阳：贵州民族出版社，2003：228-237.
②杨明德. 喀斯特研究——杨明德论文选集［M］. 贵阳：贵州民族出版社，2003：228-237.

现，形成恶性循环。①

③特别的旱涝灾害经常发生。对于喀斯特地区来说，其旱涝灾害的发生频度、强度等，都远远大于非喀斯特地区。这主要是因为：土层不厚，坡陡，水分非常容易通过下渗流失，土壤的蓄水、保水以及保熵功能非常小，而渗透到地下裂隙之中的管道系统水，植物又很难直接吸收，导致环境当中的有效水分降低太多，而石灰土的结构表层松散，提升土壤温度简单，并且和水汽、大气之间的交换顺利，所以，其蒸发作用强。同时，在喀斯特地区的洼地之中，日间会出现地形增温的效应，造成生境的干旱状态持续时间比较长，耐旱弹性的阈值非常小。另外，由于地表的排水系统不完善，地下的排泄系统不通达，因此，一旦遇到大雨，就会发生持续时间比较长的涝灾，进而影响到当地农业的正常生产。②

由此观之，石漠化就是主要发生在喀斯特地区的一类生态环境问题，可以将其合称为喀斯特石漠化。③

2.1.1.2　石漠化④

随着国家层面对生态文明建设的持续推进，喀斯特石漠化问题也更加受到重视。其不仅仅是一种主要的土地荒漠化类型，而且还和北方地区的黄土问题、荒漠问题以及冻土问题，共同形成了我国的"四大生态环境脆弱带"。它是人类活动与自然环境共同作用而导致的生态系统退化现象。

---

① 杨明德. 喀斯特研究——杨明德论文选集 [M]. 贵阳：贵州民族出版社，2003：228-237.
② 杨明德. 喀斯特研究——杨明德论文选集 [M]. 贵阳：贵州民族出版社，2003：228-237.
③ 王世杰. 喀斯特石漠化概念演绎及其科学内涵的探讨 [J]. 中国岩溶，2002 (2)：101-105.
④ 周忠发，闫利会，陈全，等. 人为干预下喀斯特石漠化演变机制与调控 [M]. 北京：科学出版社，2016：1-6.

（一）定义

从 20 世纪 80 年代末期至 20 世纪 90 年代初期，一些研究人员在水土保持的研究过程之中，尤其是在分析红色岩系、砂页岩以及石灰岩丘陵山地陡坡开垦而导致的水土流失过程当中，提出了"石质荒漠化""石山荒漠化"以及"石化"等概念，而且还重点说明了"石山荒漠化"为水土流失的显著特征之一。喀斯特石漠化问题的研究，由此而拉开了帷幕。

例如，屠玉麟（1996）认为："石漠化是指在喀斯特环境之下，由于人类活动的破坏、干扰而引发的基岩大面积裸露、土壤遭到重度侵蚀以及生产力减小等土地退化现象。"袁道先（1997）认为："喀斯特地区之中的土壤、植被转化为裸露岩石的过程，可以用喀斯特石漠化的概念来表示。"而且，他还指出："这是我国南方亚热带喀斯特地区最为严重的生态环境问题，造成了喀斯特风化残积的土层马上变得贫瘠化。脆弱的亚热带与热带喀斯特生态系统是其形成的基本条件。然而，也绝对不能够轻视人口增长过快、土地利用实践与规划的不科学以及大气污染等因素。"罗中康（2000）认为："一旦毁坏喀斯特地区当中的森林植被，既很难恢复，也一定会导致大范围的水土流失、土地退化、土层变得很薄以及基岩露出等。最终，形成喀斯特石漠化。"王世杰（2002）认为："喀斯特石漠化是指由于脆弱的亚热带喀斯特生态系统，再加上人类一系列不科学的经济社会活动带来的破坏性行为，引发的基岩大范围露出，土壤受到重度侵蚀，土地生产力严重减小，地表此时表现出趋同于荒漠化现象的土地退化过程。"李松等（2009）认为："石漠化是指在亚热带、热带暖温半湿润、湿润气候背景之下的喀斯特环境当中，因为自然环境与人类活动而造成的侵蚀土壤、毁坏植被、砾石堆积或者是基岩裸露出来、土地生产力减小、地表表现出趋同于荒漠化现象的土地退化过程。"

一般而言，喀斯特石漠化发生的基础条件是脆弱的喀斯特生态环境，驱动力为不科学的人类活动，本质为退化的土地生产力，标志为呈现出趋同于荒漠化的现象。迄今为止，学者们除了对其驱动力、形成条件、形成原因以及表现形式等内容看法一致之外，并没有对其定义形成统一的意见。

(二) 等级的划分

关于如何划分喀斯特石漠化的等级，学者们基于不同的专业背景，通常会选择不同的评估指标体系、阈值以及计量标准，并且对其持续性的作用也会做出大不相同的界定。到目前为止，国家层面还没有对喀斯特石漠化的等级划分制订出一套明确的标准。相关学者主要是从下述视角展开研究的。

例如，周忠发 (2001) 认为："通过使用多平台、多波段的遥感信息，并且结合土被比重、植被比重、土壤平均侵蚀模数、侵蚀面积比重以及平均流失的厚度等内容 (表2-2)，可以将喀斯特石漠化的等级划分为：潜在石漠化、无石漠化、中度石漠化、轻度石漠化、强度石漠化以及极强度石漠化。"熊康宁等 (2002) 认为："可以依据土被面积、基岩裸露面积、坡度、平均土壤厚度以及"土被+植被"面积，将不纯碳酸盐岩与纯碳酸盐岩喀斯特地区的石漠化等级划分为：潜在石漠化、无明显石漠化、轻度石漠化、中度石漠化、强度石漠化以及极强度石漠化，而且他还指出了不同类型喀斯特石漠化地区土地在农业方面的使用价值 (表2-3、表2-4)。"李瑞玲等 (2003) 认为："根据岩石裸露率、植被覆盖率、植被类型以及平均土壤厚度等内容，建立起了中度石漠化、轻度石漠化以及强度石漠化的三级制体系。对于轻度石漠化来讲，岩石裸露的程度已经比较显著，不适合农业发展，能够发展适当的牧业、林业；对于中度石漠化来说，岩石露出的面积大，水土流失较为严重，属于难使用的土地类型；对于强度及其以上石漠化而言，大面积的基岩裸露，很多的地区可能甚至已经没有土壤能够流失了，基本上没有了开发利用的价值，其景观趋同于裸地石山。"兰安军（2003）认为："可以使用'土被覆盖率+基岩裸露率'，对喀斯特石漠化的等级进行划分。"王瑞江等（2001）认为："可以将岩石裸露面积大于70%以上的区域，划作喀斯特石漠化地区。"吕涛（2002）认为："可以把裸露的碳酸盐岩面积达不到1/2的区域，划作无明显喀斯特石漠化地区。"王宇等（2003）认为："可以把岩石裸露面积超过土地总面积70%的地区，划作严重石漠化地带；岩石裸露面积占土地总面积1/2至70%的地区，划作中度石漠化地带；岩石裸露面积占土地总面积30%到1/2的地区，划作轻度石漠化地带。"王世杰等（2005）认为："可以从生态景观特点的角度，划分喀斯特石漠化的等级，即潜在石漠化、轻度石漠化从毁林草垦殖、过度采伐、陡坡开垦的角度划分；中度石漠化从毁林草垦殖、过度采伐、陡坡开垦、大气污染、水库淹没的角度划分；强度石漠化、极强度石漠化从陡坡毁林草垦殖、过度采伐、采矿迹地、大气污染、水库淹没的角度划分。"白晓永等（2009）认为："喀斯特石漠化等级的划分还需要增加裸岩分布的特点、土地利用的现状。"成永生（2009）认为："'成因机制+驱动机制'的喀斯特石漠化等级划分方式，较为科学、合理。"

表2-2 周忠发（2001）提出的喀斯特石漠化等级划分

喀斯特石漠化的等级	土被+植被（单位:%）	侵蚀面积（单位:%）	土壤平均侵蚀模数（单位：吨/（平方千米．a）	平均流失的厚度（单位：毫米/a）
无石漠化	(75, 100)	(0, 30)	(0, 1 000)	(0, 0.74)
潜在石漠化	(50, 70)	(30, 40)	(1 000, 2 500)	(0.74, 1.9)
轻度石漠化	(30, 50)	(40, 50)	(2 500, 5 000)	(1.9, 3.7)
中度石漠化	(15, 30)	(50, 60)	(5 000, 8 000)	(3.7, 5.9)
强度石漠化	(5, 15)	(60, 100)	(8 000, +∞)	(5.9, +∞)
极强度石漠化	(0, 5)	(0, 30)	(0, 1 000)	(0, 0.74)

表2-3 熊康宁等（2002）提出的纯碳酸盐岩地区喀斯特石漠化等级划分

喀斯特石漠化的等级	基岩裸露（单位:%）	土被（单位:%）	坡度（单位:%）	土被+植被（单位：厘米）	平均土壤厚度（单位：厘米）	农业方面的使用价值
无明显石漠化	(0, 40)	(60, 100)	(0, 15)	(70, +∞)	(20, +∞)	保水
潜在石漠化	(40, 100)	(0, 60)	(15, 100)	(50, 70)	(0, 20)	林牧
轻度石漠化	(60, 100)	(0, 30)	(18, 100)	(35, 50)	(0, 15)	临界适合林牧
中度石漠化	(70, 100)	(0, 20)	(22, 100)	(20, 35)	(0, 10)	难利用的土地
强度石漠化	(80, 100)	(0, 10)	(25, 100)	(10, 20)	(0, 5)	难利用的土地
极强度石漠化	(90, 100)	(0, 5)	(30, 100)	(0, 10)	(0, 3)	没有使用的价值

表2-4　熊康宁等（2002）提出的不纯碳酸盐岩地区喀斯特石漠化等级划分

喀斯特石漠化的等级	基岩裸露（单位:%）	土被（单位:%）	坡度（单位:%）	土被+植被（单位：厘米）	平均土壤厚度（单位：厘米）	农业方面的使用价值
明显石漠化	(0, 40)	(60, 100)	(0, 22)	(70, +∞)	(20, +∞)	保水
无明显石漠化	(40, 100)	(0, 60)	(22, 100)	(50, 70)	(0, 20)	林牧
潜在石漠化	(60, 100)	(0, 30)	(25, 100)	(35, 50)	(0, 15)	临界适合林牧
轻度石漠化	(70, 100)	(0, 20)	(30, 100)	(20, 35)	(0, 10)	难利用的土地
中度石漠化						
强度石漠化						
极强度石漠化						

由此观之，关于喀斯特石漠化等级的划分，学术界还没有形成一套统一的标准。

（三）导致因素

在裸露型和浅覆盖型的喀斯特地区当中，因为自然环境脆弱、植被的降低、人类活动的影响，容易引发地表裸露。再加上，径流或者是强降雨的作用，容易造成岩石裸露、土壤流失。最终，形成了喀斯特石漠化。所以，导致喀斯特石漠化形成的主要有人为因素、自然因素，并且随着经济社会的发展，前者日益成为主导因素。

（1）自然因素

导致喀斯特石漠化形成的自然因素，主要包括以下几点内容。

①地质岩性

在我国的西南喀斯特地区，中生代燕山构造运动产生的大量挤压造成了褶皱的普遍产生，古老的碳酸盐岩基岩面出现了高低起伏的形态。

其以升降占主导地位，再加上，新生代喜马拉雅山构造运动，形成了现代喀斯特高原的破碎型、陡峭型地貌，还产生了比较大的地形坡度和地表切割度，为水土流失的发生供应了动力潜能。从震旦纪开始至三叠纪结束，其也积累了厚度非常大的碳酸盐岩地层，再加上，之后所发生的碳酸盐岩大范围出露，为喀斯特石漠化的形成提供了物质基础。

②水文气候

对于我国的喀斯特地区而言，绝大部分属于中亚热带湿润季风性气候。全年之内，夏无酷暑，冬无严寒，湿润温暖，湿度大，降雨量充足，无霜期长。它位于印度洋季风与太平洋季风交会影响的边缘区域，再加上，海拔比较高，纬度比较低，暖空气和冷空气往往在这里集合，构成静止锋，所以，降雨量充足。由于喀斯特作用，地下形成了洞穴，而地表则形成了落水洞。发育的裂隙、变形的碳酸盐岩和碳酸盐岩自己所拥有的溶解功能，导致了地下水的数量远远多于地表水。白云岩的含水介质绝大部分以节理裂隙、小型溶蚀空洞为主导，地表的岩石绝大部分破碎，岩体的表层为储蓄地下水资源提供了空间，而其表层往往会保留有一定数量的喀斯特地下水。这在一定程度上，对植被的生长有利。但是，绝大多数的实际情况却是，水文气候条件对喀斯特地区所产生的负面影响大于正面影响，因而，导致了喀斯特石漠化的形成。

③土壤侵蚀

我国的喀斯特地区由于土壤层不厚，当出现植被缺失或者是植被退化的时候，土壤的表层就会暴露在空气之中，并且还会受到地形、雨水冲刷以及地势的影响，加快喀斯特石漠化的形成。同时，土壤丢失与土壤流失导致了土壤受到侵蚀。后者是指土壤侵蚀导致一些土壤物质沿着坡面流失，在沟谷下游处或者是坡脚处堆积；而前者则是指另外一些风化壳物质、溶蚀物质和土壤颗粒顺着坡面，通过倾斜运动或者是垂直运动流入附近的喀斯特裂隙之中，或者是经由落水洞把土壤流失至地下系统当中。喀斯特石漠化的程度和土壤养分的构成密切相关，而与全氮、有机质、全磷、速效钾、全钾、水解氮以及速效磷的相关性则比较小。随着土壤侵蚀的不断发展，土壤里面的养分含量会慢慢降低，能够使用的土地最终会退化到基岩全部裸露的状态，大范围的喀斯特石漠化现象就出现了。

④植被丧失、退化

在喀斯特石漠化形成的过程之中，这是最为敏感、最为直接的现象。当岩石露出以后，随着土壤的形成与生物量的上升，对喀斯特生态系统的破坏力量逐步形成。在这其中起主导作用的是土壤过程与生物活动。一般来说，喀斯特生态系统还具有土壤层浅薄，基岩裸露，水分严重下渗，保水性能不佳，土壤、基质以及水等富钙的生态学方面属性，植物具有耐旱性，喜钙，强壮并有发达的根系。喀斯特石漠化当中的植被退化，通常会按照"物种的数量降低—群落的结构、构成要素变得简单—植被覆盖度与生物量减少"进行。这样一来，受损的群落和退化的植被，就为化学溶蚀、流水侵蚀等"铺平了道路"，生态系统的稳定性变得更差，植被更会陷入丧失、退化的恶性循环里面。由此可见，喀斯特石漠化的形成是岩溶地球化学系统退化与生态系统退化共同作用的结果。

（2）人为因素

在我国的喀斯特地区形成了"破坏生态环境—贫困现象严重"的恶性循环，因此，造成耕地资源严重贫瘠，人类的生存条件恶化。再加上，人口的压力过大，导致人们被迫采取砍伐灌木林地、林地，并且将其强行转化成坡耕地等无奈之举。同时，再加上土地退化和水土流失的作用，更是加速了喀斯特石漠化的形成。换句话说，对于喀斯特石漠化的形成来讲，强烈的喀斯特作用是主要的自然因素，而人类不合理的经济社会活动，如过度砍伐林木、过度放牧以及过度开垦等破坏生态环境的行为，则是主要的人为因素。

综上所述，石漠化是一种主要发生在喀斯特地貌之上的生态环境问题，也可以被称之为"生态的癌症"，[1] 是该区域的贫困之因、灾害之源以及落后之根，[2] 给经济社会实现可持续发展带来了极大的威胁。因此，需要通过生态补偿等财政支持手段，为其治理提供坚强的后盾，以实现生态环境好转、人民生活富裕。

2.1.2 生态补偿

当前，生态补偿是经济学、地理学、环境学、法学、社会学以及生态学等学科领域之中比较热门的研究问题之一。回顾其概念、类型以及原则等内容，有利于为后续的研究找准方向。

2.1.2.1 概念

生态学理论是生态补偿概念的"发源地"，原来的意思是指对自然生态环境进行补偿。[3] 随着经济社会的发展，又衍生出了其他的含义：①"自然生态补偿"，具体是指自然生态环境对外面世界的调节、管理、缓和以及恢复的能力；②生态学领域当中的"生态补偿"，具体是指人们所使用的，以弥补占用生态资源的一系列行为；③环境经济学范围之中的"生态补偿"，具体是指促使保护生态环境的制度安排与经济措施。[4]

除此之外，国内的学术界还提出了"生态环境补偿""生态经济

---

① 曾帅．熊康宁：治理喀斯特石漠化先锋 [N]．贵州日报，2018-3-29.
② 国家林业局防治荒漠化管理中心，国家林业局中南林业调查规划设计院．石漠化综合治理模式 [M]．北京：中国林业出版社，2012：169.
③ 魏晓燕．少数民族地区移民生态补偿机制研究——以自然保护区为例 [D]．北京：中央民族大学，2013.
④ 孔德帅．区域生态补偿机制研究——以贵州省为例 [D]．北京：中国农业大学，2017.

补偿""生态效益补偿"以及"生态效益价值补偿"等生态补偿的"别名"。不同的学者出于学科背景的不同,对生态补偿给出了不同的定义。其概念的发展历程,可以归纳为"生态系统—经济社会—社会管理"。例如,有的学者认为,狭义的生态补偿只针对破坏以后的自然生态环境的补偿,而广义的生态补偿除了包含狭义的生态补偿之外,还要求包括对环境保护的行为进行补偿,对居民发展机会成本的损失进行补偿以及处罚破坏生态环境的行为等。也有的学者认为,生态补偿就是一种以外部成本内部化作为核心的制度安排,主要是针对生态系统服务功能,其目的在于实现生态环境与人类社会之间协调发展;主要的手段应该包含市场手段、政府手段等,并且以激励性的方式促使保护者得到合理的回报,受益者需要支付费用,而破坏者则要受到应有的惩罚。还有的学者认为,生态补偿其实就是在经济社会系统当中,同时拥有市场特点与政府特点的一种环境保护行为。[1]

然而,国外却没有生态补偿的概念,只有"环境/生态服务补偿""环境/生态服务付费"以及"环境/生态服务市场"等与之相类似的概念。其中,与我国生态补偿概念最为相似的就是"环境/生态服务付费"。为此,国外的相关学者也进行过研究。例如,有的学者认为,生态补偿的实质就是对"环境/生态服务"进行补偿,是对因为人类活动而破坏的生态系统服务质量与功能进行补偿的手段。山区贫困农户的生态服务补偿类项目,就是这一方面的典范。还有的学者认为,"环境/生态服务付费"需要满足以下的条件:①与以往的管控和命令式资源交易行为有所不同;②生态系统服务的提供者与购买者应该包含在交易

---

①魏晓燕.少数民族地区移民生态补偿机制研究——以自然保护区为例[D].北京:中央民族大学,2013.

行为里面；③提供者的生态系统服务能够被清楚的划分。①

总而言之，结合我国的实际情况，本书认为，所谓的生态补偿是指在国家财政支持占主导地位的条件之下，以激励性的方式，并且通过使用政治手段、经济手段等，促使生态环境保护的受益者向生态环境保护的贡献者进行补偿。同时，还会对破坏生态环境的行为，采取惩罚的制度性措施。其目的在于保护生态环境，促进经济社会实现可持续发展。

2.1.2.2 类型

目前，国家层面实施的生态功能区建设项目、水利水电工程建设项目、易地扶贫搬迁项目、生态和水库移民项目以及自然保护区建设项目等，都会在很大的程度上牵涉生态补偿问题。生态补偿的类型也因此而变得多样化、复杂化。本文列举出了一些典型的生态补偿类型（表2-5）。

表 2-5　典型的生态补偿类型②

划分的标准	生态补偿的类型
资源要素	草原、森林、海洋、水资源以及湿地的生态补偿等
补偿尺度	区域、国际以及流域的生态补偿等
生态功能区	产品提供功能区、生态功能调节区和人居保障功能区的生态补偿等
运行机制	市场补偿、行政补偿等
补偿模式	实物补偿、资金补偿、智力补偿以及政策补偿等
法律法规	《生态环境保护法》和《自然资源法》等

但是，在实践当中，表2-5所示的内容通常不会单独的存在，例

---

① 赵翠薇，王世杰. 生态补偿效益、标准——国际经验及对我国的启示 [J]. 地理研究，2010（4）：597-606.
② 魏晓燕. 少数民族地区移民生态补偿机制研究——以自然保护区为例 [D]. 北京：中央民族大学，2013.

如，草原、森林、水资源以及湿地的生态补偿，可能会同时涉及生态功能调节区、人居保障功能区的生态补偿；生态补偿的模式可能会综合运用到实物补偿、资金补偿、智力补偿以及政策补偿；生态补偿的运行机制也有可能综合使用行政补偿与市场补偿等。因此，需要因地制宜地设计出适合不同地区的生态补偿机制，注重上述各要素之间的搭配运用，以实现理想的效果。

2.1.2.3 原则

生态补偿应该按照下述的原则执行，以取得理想的效果：①国家财政大力支持，市场机制提供协助；②相关部门要先拟订规划再执行，并且在实践过程当中，不断充实和细化；③谁保护，谁收益，谁破坏，谁补偿；④因地制宜，综合实施；⑤公平、高效、可持续；⑥鼓励当地的居民和相关组织等积极参加。

综上所述，生态补偿是一个与时俱进、综合性的概念，需要在实际工作当中不断地完善。

2.2 生态补偿的相关理论

目前，公共物品理论、自然资源物权理论、外部效应理论、生态文明理论、环境规制理论、可持续发展理论以及生态资本理论等，已经被学术界公认为研究生态补偿问题的基础性理论。

2.2.1 外部效应理论

1890 年，著名英国经济学家阿尔弗雷德·马歇尔率先提出并且准确说明了外部经济的概念。他认为："商人成本曲线的降低是因为外部经济而导致的，还可以使得该商人所从事的产业得以发展、壮大。对于商人来讲，是一种正外部性。"这就为公共经济理论的创新发展，打下了牢固的根基。而新古典主义经济学派则认为："对于完全竞争市场来说，社会的边际成本和私人的边际成本一致，再加上，这两者的收益也相等。此时，资源配置就可以达到帕累托最优的效果。但是，却因为外部性的存在，造成了上述的设想在实际之中难以实现。"为此，著名英国经济学家庇古提出了"修正税"理论。他认为："当发生社会边际成本总收益和私人边际成本总收益背道而驰的时候，就会出现所谓的'市场失灵'现象。这时候，需要政府对市场予以补贴、税收等形式的干预，使得边际外部收益（外部边际成本）和边际税率等同，从而达到外部性内部化，社会和私人之间共同实现效益最大化的目标。"

喀斯特石漠化治理，既属于生态环境保护之中的一项重要内容，又具有一定的特别之处，即同时兼有外部不经济性和外部经济性。其外部经济性主要表现在：通过治理石漠化，喀斯特生态系统能够提供一定程度的固碳、水土保持、净化空气、释放氧气、改善水质以及娱乐休闲等功能，还能够以此作为基础创造一定数量的就业岗位，拉动经济发展等；而其外部不经济性则主要表现在：喀斯特石漠化治理之中的某些措施，如封山育林、退耕还林还草等，会使得当地居民，尤其是农村居民失去对原有生态资源环境的依靠及其相应的发展机会。所以，喀斯特石漠化地区迫切需要进行生态补偿。

由此可见，外部效应理论是研究喀斯特石漠化治理生态补偿问题的核心理论。

2.2.2 公共物品理论

美国著名经济学家保罗·萨缪尔森认为："所谓的公共物品是指对于每一个人来说，其对某一种物品的消费不可能会影响到其他人对该种物品消费的物品。"同时,微观经济学的相关理论认为,公共物品具有非排他性和非竞争性的基本特点。正是由于这两个基本特点的存在,才引发了"搭便车"问题与"公地悲剧"问题的产生。

苏格兰著名哲学家休谟是率先提出"搭便车"问题的学者,他认为:"所谓的'搭便车'问题是指倘若全部的社会成员均能够免费的使用公共物品,那么,最后的结果就是今后谁也享受不了公共物品。导致这一问题的本质原因是:政府没有办法准确无误地获知每一个社会成员对该公共物品的效用函数与偏好,同时,由于公共物品所具有的非排他性特征,导致人们会有意降低上报的利润数量,以减免本来应该缴纳的使用该公共物品的税费。这样一来,并不会降低他们的实际利润数量。于是,人们就会效仿这种不用付费就能够享受到其他人提供公共物品的行为,'搭便车'问题因此而产生了。"

著名美国生态经济学家加勒特·哈丁认为:"所谓的'公地悲剧'问题是指对于一种公共资源来说,倘若缺少了排他性,便可能会造成对该公共资源的过度利用。最终,所有社会成员的共同利益都被破坏了。归根结底,这是因为产权界定的不清晰而导致的。"

石漠化主要发生在喀斯特地区,是自然因素和人为因素共同作用而导致的生态环境问题。喀斯特地区的生态环境非常脆弱,人们为了生存和发展,通常会采取砍伐林木等手段。而林木资源等又是属于公共物品,具有非竞争性的特征。当其被人们过度开发使用以后,就会导致"公地悲剧"问题的产生。同时,喀斯特石漠化治理属于生态环境保护的范围,而生态环境保护也具有公共物品的特征。公共物品非排他性特点的存在,加之喀斯特石漠化治理的持续时间长,成效不会"立竿见影"而且还难以被清晰的界定。所以,容易导致"搭便车"问题的产生。

为了解决喀斯特石漠化治理领域存在的"搭便车"问题和"公地悲剧"问题，需要设计一种可以促使喀斯特石漠化治理受益者付费，喀斯特石漠化治理贡献者能够获得合理的收益，而造成喀斯特石漠化形成的行为又要受到处罚的体制机制。喀斯特石漠化治理的生态补偿问题研究应运而生。

2.2.3 生态资本理论

生态经济学认为："自然生态环境系统产生的生态服务也属于资源，生态服务的价值载体可以被称之为'自然资本'或者是'生态资本'。同时，生态服务属于生产要素，需要得到有效、科学的管理。"功效论认为："自然生态环境是人类社会之中最为重要的资源，其所包含的效用已经扩散到了经济社会发展里面。"财富理论认为："人类社会可以通过自然生态环境系统创造出财富。"而哲学理论则认为："自然生态环境系统属于'人化的自然'，矿产资源、土地资源、森林资源、生物资源以及水资源等，都具有经济价值。因此，可以将生态资源进行资本化处理。"从此，生态资本方面的研究便开始了。

生态资本是指在生态资产当中，可以进行价值再创造或者是再生产的所有或者是一部分投入。一般来说，其大致包括这几个方面的含义：①生态资源的总体数量；②生态环境的自我净化能力；③生态资源的开发利用潜力；④生态资源的质量；⑤能够为人类社会的发展，提供必需的资源。而随着经济社会的发展，生态资源的稀缺性特征日益凸显。[1]

因此，生态资本理论认为，应该不断增加生态方面的投资，以提高生态资本的价值。同时，为了保持长时间的投资，还需要设计一种能够

---

[1]常亮．基于准市场的跨界流域生态补偿机制研究——以辽河流域为例［D］．大连：大连理工大学，2013.

保证生态环境保护的参与者或者是投资者取得合法、合理收益，生态环境保护的受益者又需要支付费用，而破坏生态环境的行为又要受到处罚的体制机制，以避免"公地悲剧"问题和"搭便车"问题的产生。[①]

由此观之，喀斯特石漠化治理具备上述的特点，理应开展生态补偿方面的研究。

2.2.4　环境规制理论[②]

环境规制是指政府通过使用法律措施、政策措施等，对生态环境之中的经济活动进行合理、科学的管控，以实现经济社会又好又快发展。它是从政府规制理论里面，衍生出来的一个内容。刚开始的时候，政府只会采取一些非市场化的直接管控手段。但是，随着经济社会的发展，补贴、财政税收、排污权交易以及经济刺激等市场化手段也参与了进来，形成了"间接调控（市场化手段）+直接调控（行政法规）"的格局。目前，环境规制往往被区别为非正式环境规制和正式环境规制。在此之中，后者还可以被进一步划分为行政命令控制型环境规制和以市场作为根本的激励型环境规制。

环境规制理论认为："政府的环境规制手段能够高效处理生态环境问题。"由此可见，喀斯特石漠化治理的生态补偿体系研究，也绝对离不开政府政策层面的影响。

2.2.5　可持续发展理论

1987 年，联合国世界环境与发展委员会在《我们共同的未来》之

---

① 常亮 . 基于准市场的跨界流域生态补偿机制研究——以辽河流域为例［D］. 大连：大连理工大学，2013.

② 常亮 . 基于准市场的跨界流域生态补偿机制研究——以辽河流域为例［D］. 大连：大连理工大学，2013.

中，明确说明了可持续发展的定义，即"可持续发展是指在满足了当代人发展要求的同时，也绝对不能够剥夺子孙后代的发展权利，要为子孙后代的发展留下充足的资源。"

因此，生态补偿支持喀斯特石漠化治理也一定要遵循可持续发展的理念，通过制定科学的生态补偿体系和标准，为喀斯特石漠化治理提供有效的支撑，促进经济社会实现可持续发展。

2.2.6　自然资源物权理论①

生态补偿的目的不仅仅在于阻止生态破坏行为，还应该对由于自然资源的过度开发利用而导致的生态功能缺失进行补偿与恢复。自然资源是人类社会生存和发展的基础与关联点。自然资源物权是指人类社会为了实现其权益的要求，按照法律、法规或者是合约的规定而拥有的排除妨碍和直接配置使用自然资源的权利。自然资源物权能够被划分为土地之外的其他资源物权与土地资源物权。自然资源物权属于一个国家、地区或者是社会的基础性物权。而自然资源物权体系是指在自然资源物权制度当中，最为基础的物权权利，具体包含由自然资源其他权利与自然资源所有权共同组成的相互影响、相辅相成的整体。

自然资源物权具有以下特征：

（1）独立的物权属性。自然资源物权的排他性特点，使得其所有者既享有对自然资源的开发利用、占有以及收益等权利，也能够消除任何不合法的干扰，捍卫其合法的权利。独立的物权属性可以使得权利自由的转让与流动，也能够作为市场交易的客体实现流转。

（2）定限物权。这是指标的物可以在特定的限度以内，进行自由的支配。对于自然资源来讲，国家在法律上对其拥有所有权，然而，

①黄襄. 区际生态补偿论 [M]. 北京：中国人民大学出版社，2012：60-62.

在实践之中，却需要个人、企业等参加，才能够完成对自然资源的利用与开发。所以，国家要为自然资源设立分散的使用权。资源物权是因为对资源的非所有利用而产生的，达到了使用权与所有权分离的目的。以后者作为基础，划出特定的自然资源支配限度，可以符合行使不同种类权利的要求，满足定限物权的特点。同时，因为自然资源具有公共性与社会性的特点，还承载着个人利益与社会利益。为了促使社会利益尽早地实现，需要在一定程度上限制资源物权。为此，当个人、企业等因为保护生态环境而造成了经济损失的时候，政府就有必要对其进行生态补偿。

（3）特别的用益物权。我国是社会主义国家，基本的经济特征为公有制，自然资源的所有权全部归国家和集体所有。资源物权是指自然资源的非所有使用，符合传统民法理论里用益物权的基本特征，即以物的收益与使用作为目标，因此，资源物权和用益物权具有一定的相通之处。然而，自然资源具有公共性与社会性，在使用的过程当中，难免又会出现更多的权利类型，而且还与其他的用益物权不相同，这就表现出其特别之处。虽然资源物权属于民事权利，但是，规制其的法律、法规往往是出于社会的公共利益，以确保自然资源的可持续利用和科学开发。只有出具了国家以社会公共事务管理者的身份所颁布的行政许可，才可以证明其取得了资源物权。同时，确立资源物权的意义主要还在于突出节约使用自然资源。

自然资源所有权的最终归属决定了生态补偿的主体，而自然资源的特性又会对经济社会发展产生特殊的意义，所以，自然资源物权的特别之处出现了。同时，治理喀斯特石漠化的措施主要包含农业、林业以及水利建设等内容，必然会涉及自然资源的物权问题，所以，自然资源物权理论对于喀斯特石漠化治理的生态补偿体系研究非常重要。

2.2.7　生态文明理论

在中国共产党第十七次全国代表大会所作工作报告当中，第一次明确提出了生态文明的含义，而且还将生态文明建设列为中国共产党的奋斗目标。同时，这也是在新的历史条件之下，对全面建设小康社会提出的新要求。生态文明是指："人类社会在改变客观存在的物质世界的时候，需要不断化解在这之中，所出现的一系列负面影响，努力优化自然界和人类社会、人类之间的关系，并且创建起一个能够稳定运行的生态环境系统。同时，还包含为了创建良好生态环境而取得的制度、精神以及物质层面的成果。生态文明代表了对工业文明的跨越，代表了更为高级的人类社会文明形态之一。其核心为促进生态环境和人类社会之间相协调发展。"① 这与实施喀斯特石漠化治理生态补偿的目的是一脉相承的。

除此之外，党的十七大报告还提出了所要建立的环境经济政策机制：①可以全面反映资源的稀缺状况、市场供求关系以及环境破坏成本的资源价格与生产要素形成体制；②有利于实现可持续发展的财政税收制度、排污权和资源有偿使用制度以及生态补偿制度。

由此观之，生态文明理论为生态补偿支持喀斯特石漠化治理研究，提供了重要支撑。

综上所述，生态补偿支持喀斯特石漠化治理就是一项系统性、复杂性、综合性、社会性、长期性和公益性的生态环境保护工程，需要充分利用上述各理论，并密切配合。

---

①邓玲，等.我国生态文明发展战略及其区域实现研究 [M].北京：人民出版社，2013：5-6.

2.3　喀斯特石漠化治理的相关理论

通过辩证分析，得出：恢复生态学是喀斯特石漠化治理的技术基础和理论基石，生态经济学是喀斯特石漠化地区经济社会发展的重要支撑，文化生态学、生态民族学有利于提升喀斯特石漠化地区的生态道德水平、研究喀斯特石漠化问题的形成机制及其有效治理模式，而政治生态学则能够转化政府对于喀斯特石漠化问题的看法。[①]

2.3.1　恢复生态学理论

为了有效应对全球气候变化、自然资源枯竭、生物多样性减弱以及生态环境恶化等问题，应用生态学领域在 20 世纪 80 年代提出了恢复生态学的概念，作为现代生态科学当中的一个分支学科。[②] 其基本内容主要包括以下几点：

（1）退化的生态系统。这是指在特定的时空环境之中，人为因素、自然因素单独或者是共同作用之下，使得生态系统与生态要素可以产生对人类社会发展和生物生存起作用的质变和量变。生态系统的功能与结构失去了原有的平衡，朝着反向进化的方向发展。此外，它还表现出了生物多样性的减弱，生态系统的原有功能和基本结构缺失，生态系统的稳定性减小、生态系统的生产力减小以及生态系统的抗逆水平降低等。也可以称其为"受损或者是受害的生态系统"。导致这一现象的原因主要有自然因素和人为因素，其中，自然因素主要包含由于天文条件变化而造成的全球气候变化、区域性的气候变化以及地球的地质地貌变化过

---

①但维宇，姜灿荣，刘世好，等. 新生态学理论在石漠化治理中的应用 [J]. 中南林业调查规划，2016（3）：6-10.

②章家恩，徐琪. 恢复生态学研究的一些基本问题探讨 [J]. 应用生态学报，1999（1）：109-113.

程；而人为因素则主要包括在经济社会发展过程之中的人类活动。二者共同作用，加剧了生态系统的退化。此外，它们还会产生一系列的静态压力、动态压力，改变了生物种群的大小、年龄以及遗传结构，生物群落的优势度、丰富程度以及结构。最终，还会引发生态系统的资源缺失，生态链或者是生态学进程中止，导致整个生态系统瓦解。生态系统退化的程度和方向，由干扰的强度、种类以及频率决定。自然因素的干扰往往导致生态系统回转至早期的情况。而某种周期性的自然因素干扰，则会对生态系统的演替过程产生负反馈作用、正反馈作用，从而使得生态系统处于稳态之中。然而，倘若发生突变性或者是剧变性的自然因素干扰，就会对生态系统造成毁灭性的打击。人为因素能够直接或者是间接地增加、降低以及影响生态系统退化的程度和方向，甚至会对某一些地区产生无法预料、无法改变的后果。①

（2）生态系统的重建和恢复。这是指根据生态学的相关理论，并且应用生态、生物和工程技术等方法，人为处理生态系统退化的进程或者是影响因素，优化配置、整合生态系统里面及其和外部世界的能量、物质与信息流动进程、时空布局，促使生态系统的潜力和功能恢复到原来甚至是更高的水平。一般来讲，这主要是在生态系统当中进行的，而且是由人工主导的。在此，需要特别说明的是，实际上，砍伐、火灾以及弃耕以后生态系统或者是群落进行的次生演替，都属于自然恢复形式的生态恢复过程。另外，其所花费的时间和难度与生态系统的恢复能力、退化程度和恢复方向有关。通常来讲，恢复能力强和退化程度轻的生态系统，恢复的时间和速度快。生态系统的恢复能力比较小，所以，需要进行人为恢复，以促使生态系统演替的速度与方向转变，减小生态恢复的周期。一般来说，生态系统在不同的地区会表现出不同的恢复能

---

①章家恩，徐琪. 恢复生态学研究的一些基本问题探讨 [J]. 应用生态学报，1999（1）：109-113.

力。在温暖湿润的地方，自然恢复的速度快；而在干燥、寒冷的地方，则与之相反。[1]

（3）基本目标。稳定生态系统之中的地表基底、恢复土壤与植被、增加生物多样性、增加生态系统的维持能力和生产力、保护生态环境、给人以美学和视觉上的享受、提高植被的覆盖率以及增加土壤的肥力。[2]

其与喀斯特石漠化治理相关的内容，主要包括：

（1）生态系统当中，各因子之间的可调剂性和不可替代性规律。植物的生长需要热、空气、光照、水资源以及无机盐的共同支持。当其中的某一因子量缺失的时候，在一定条件之下，可以通过调剂其他的因子而得以解决。[3]

（2）耐性定律和最小因子定律。植物只有得到了一定数量和类型的营养物质之后，才可以茁壮成长。其发育的情况会受到浓度最小的重要元素影响。任何生态系统生理活动的正常发展，都需要一定质量与数量的生态因子。[4]

（3）能量定律。生态系统里面能量转化的方向、可能性以及范围等，都要以热力学的三大定律作为基础。[5]

（4）种群密度制约原理和种群空间分布格局原理。总体来看，种群在空间分布格局上，具有平均、随意以及集群等方式，由其种间和种内之间关系、生物学特征以及环境要素共同决定，主要包含边缘效应原

---

① 章家恩，徐琪. 恢复生态学研究的一些基本问题探讨 [J]. 应用生态学报，1999（1）：109-113.
② 章家恩，徐琪. 恢复生态学研究的一些基本问题探讨 [J]. 应用生态学报，1999（1）：109-113.
③ 但维宇，姜灿荣，刘世好，等. 新生态学理论在石漠化治理中的应用 [J]. 中南林业调查规划，2016（3）：6-10.
④ 但维宇，姜灿荣，刘世好，等. 新生态学理论在石漠化治理中的应用 [J]. 中南林业调查规划，2016（3）：6-10.
⑤ 但维宇，姜灿荣，刘世好，等. 新生态学理论在石漠化治理中的应用 [J]. 中南林业调查规划，2016（3）：6-10.

理与生态位原理。其还可以根据环境条件和自身属性管理其数量，在一定的时间与空间范围里面较为稳定。[1]

（5）生态适宜性原理和生物群落演替原理。环境和生物之间的协同进化，导致生物对周围环境产生了生态依靠。所以，在种植植物的时候，首先，应该选择合适的物种；然后，让其生长在最合适的环境之中。其替代的顺序为：先锋物种的入侵→繁殖和定居→优化退化的生态环境。这样一来，低级物种就被取代了，生物群落就能够恢复至原有的物种成分与外形。[2]

（6）生物多样性原理和生态系统的结构理论。其重点就在于维持生态系统之内的平衡性，也要促进物质和能量之间相均衡，尽量降低生态系统里面的能量和物质输出。[3]

（7）自我设计理论。这是指只要时间足够多，退化了的生态系统就会根据外部环境的变化，科学的组织自己，而且还会转化自身的成分，以适应新的环境条件。[4]

2.3.2 生态经济学理论[5]

生态经济学是指以生态环境和经济社会之间协调发展为目的，遵循可持续发展理念，按照市场经济理论、系统工程理论以及生态学理论等，在生态环境系统可以承载的限度以内，使用现代科学技术手段，尽

---

[1]但维宇，姜灿荣，刘世好，等．新生态学理论在石漠化治理中的应用［J］．中南林业调查规划，2016（3）：6-10.
[2]但维宇，姜灿荣，刘世好，等．新生态学理论在石漠化治理中的应用［J］．中南林业调查规划，2016（3）：6-10.
[3]但维宇，姜灿荣，刘世好，等．新生态学理论在石漠化治理中的应用［J］．中南林业调查规划，2016（3）：6-10.
[4]但维宇，姜灿荣，刘世好，等．新生态学理论在石漠化治理中的应用［J］．中南林业调查规划，2016（3）：6-10.
[5]但维宇，姜灿荣，刘世好，等．新生态学理论在石漠化治理中的应用［J］．中南林业调查规划，2016（3）：6-10.

最大努力开发利用生态资源，以形成经济社会可持续发展、产业结构优化升级、生态环境承载能力不断提高等内容的交叉学科。

中国喀斯特石漠化地区经济社会发展问题的实质，就是贫困面积大、经济发展落后等状况，从而造成了生态环境问题。所以，从生态经济学的角度治理喀斯特石漠化问题，主要方向就是要遵循可持续发展理念，在生态环境能够承载的限度以内，转变经济社会发展方式和消费模式，并且充分开发利用现有的生态资源，以实现经济社会可持续发展，达到"既要金山银山，又要绿水青山"的目的。

2.3.3 文化生态学理论

文化生态学是指通过运用生态学的研究方法、研究成果等去研究文化学，是研究文化发展与生存的生态环境、资源、规律以及状态的交叉学科。其认为："人类是构成生态环境总生命网络的部分之一，还和生物种群当中的生成体组成了生物界领域的亚社会层。在这其中引入文化因素，就可以在生物层里面发展一个文化层。然后，两个层次之间相互影响，从而形成了一种既可以影响人类社会的生存和发展，又能够影响各种文化模式和文化类型形成和发展的共生关系。由此看来，文化并不是经济发展的直接产物。在这当中，还存在有许多复杂的变量。因此，其主张：从生态环境、人类、文化和社会里面的各种变量的相互影响之中，研究文化的发展和形成规律，发掘不同少数民族文化发展的特别之处，以实现可持续发展。"[1]

如前所述，喀斯特石漠化问题主要是由人地矛盾凸显、对生态环境的过度开发利用等因素而导致的，并且主要发生在我国的少数民族地区

---

[1]宋蜀华．人类学研究与中国民族生态环境和传统文化的关系 [J]．中央民族大学学报，1996（4）：62-67．

之中。所以，根据文化生态学的有关理论，应该从生态环境、文化以及人类社会里面，各种变量之间的相互影响去研究喀斯特石漠化治理，以发掘不同少数民族文化在这一领域的应用价值。要充分借助各少数民族生态环境、聚居地、先前社会观念、社会发展的特别趋势以及当今社会的流行观念等，制定出适合各少数民族地区实际情况的喀斯特石漠化治理措施。①

2.3.4 政治生态学理论

政治生态学是指应用生态学的研究成果、研究方法等去研究政治学的交叉学科，并且还会注意到政治系统当中的生态环境研究、要素研究、系统研究及其相互之间的能力变化。从政治生态的系统进行考察，政治行为、政治活动以及政治决策为源心；而政治机制、政治制度以及决策则为其政治生态的要素。以上的内容都需要与时俱进，以满足时代发展的新要求，从而促进人类社会和政治之间协调发展。由此观之，良好的政治生态系统，既需要其内部系统可以得到有序运行，而且也需要外部环境和谐共生。②

在导致中国喀斯特石漠化形成的因素当中，既存在脆弱的生态环境的本质问题，也存在全球环境变化、文化、经济、社会以及政治等层面的影响。基于政治生态学的思路研究喀斯特石漠化治理，应该高度重视各行各业生态环境和政治经济系统之间的关联性研究。注重保护原始的生态资源，并且在还没有被损害的区域适度实施生态旅游。而对于已经被损害了的区域来讲，则应该就近实施自然林业经营。一般而言，政治

---

①但维宇，姜灿荣，刘世好，等.新生态学理论在石漠化治理中的应用 [J].中南林业调查规划，2016（3）：6-10.

②黄继锋.“政治生态学”——“生态学的马克思主义”的一种解释 [J].马克思主义研究，1995（4）：81-83.

经济不发达的地区往往会导致生态资源的损害。由此可见，政治经济和生态环境是相得益彰、相辅相成的。生态环境和政治经济之间的协同发展对喀斯特石漠化治理至关重要。①

2.3.5 生态民族学理论

生态人类学的研究方法和理论从 20 世纪 80 年代开始进入我国，相关学者分别从历史学、人类学、生态学、社会学以及民族学等角度，对我国不同地区、不同时间的生态环境问题进行了分析，从而为生态民族学的提出打下了基础。例如，罗康隆教授与杨庭硕教授认为，自然生态系统和人类社会的相互影响导致了生态环境蜕变的发生，这也反映了特定的文化不能够很好地适应所处的生态环境。倘若可以发现而且解决在文化适应过程之中所出现的某一些干扰要素，便能够解决上述存在的问题。由此观之，生态民族学是指运用民族学的研究成果和研究方法等去研究生态学的交叉学科。其主要的内容：从长时间来看，任何一个民族都会和其所处的生态环境之间，形成一种耦合式的相互制约关系。同时，这其中的文化和生态环境还会形成一个相互影响、相互关联的统一体。生态变迁具有缓慢性、持续时间长等特征，因此，在对其进行研究的时候，就需要与文化变迁相结合起来，而且还需要开展大尺度的研究。② 生态民族学的诞生，意味着人类社会对于生态环境问题的认识，提升到了一个新的高度。③

我国的喀斯特石漠化地区绝大部分位于少数民族地区当中，而少数民族又拥有许多特别的生态环境保护传统文化。因而，在研究喀斯特石

---

①但维宇，姜灿荣，刘世好，等. 新生态学理论在石漠化治理中的应用 [J]. 中南林业调查规划，2016（3）：6-10.

②贺天博. 贵州地区生态变迁的民族学考察 [D]. 吉首：吉首大学，2012.

③游俊，杨庭硕. 当代生态维护失误与匡正 [J]. 吉首大学学报（社会科学版），2006（6）：80-85.

漠化治理问题的时候，需要结合生态民族学的理论，充分发掘各少数民族传统文化之中，可以为喀斯特石漠化治理提供帮助的内容，以实现少数民族传统文化与生态环境保护之间的双向互动，助力喀斯特石漠化的高效治理。

综上所述，恢复生态学理论、生态经济学理论、生态民族学理论、文化生态学理论以及政治生态学理论，为我国的喀斯特石漠化治理，提供了重要的理论支撑。

2.4　习近平的生态文明论述和经济思想

党的十八大以来，以习近平同志为核心的党中央高度重视生态文明建设和经济社会可持续发展，提出了一系列重要的生态文明论述和经济思想。其中，有不少的内容可以为喀斯特石漠化治理生态补偿，提供指导意义。

2.4.1　习近平的生态文明论述

2018 年 5 月召开的全国生态环境保护大会上，习近平总书记提出了生态文明的相关论述，周宏春（2018）认为，其主要的内容如下：

（1）人类和生态环境之间要和谐共生，这是习近平生态文明论述的本质要求。当前，中国已经进入了社会主义发展的新时期，生态环境保护不仅仅是一个重大的政治问题，而且也是一个重大的社会问题、民生问题。人类应该像保护自己的眼睛、珍惜自己的生命一样，去保护生态环境。只有顺应了自然、尊重了自然以及保护了自然，才可以实现经济社会可持续发展。

（2）绿水青山就是金山银山，这是习近平生态文明论述的基本内核。生态环境是具有价值的，保护生态环境就等于是保护自然资本与提升其价值。但是，生态环境的价值也是会根据实际情况发生变化的。因此，在实践当中，生态环境保护和经济社会发展都要兼顾并行，既需要满足当下的要求，也要为子孙后代的发展创造出良好条件。同时，由于破坏了的生态环境难以被恢复，这就要求，加快形成能够保护生态环境与节约利用资源的产业结构、空间结构、生活方式以及生产方式等，为生态环境留下"休养生息"的空间和时间。

（3）良好的自然生态环境是惠及人民群众的最好福祉，这是习近平生态文明论述的宗旨精神。生态文明建设既有利于提供福祉、改善生活和生产条件，又能够使得人民群众公平地分享到发展之中，取得绿色成果。生态文明建设的目的在于改善民生，满足人民群众日益增长的对生态环境产品的要求，造福子孙后代。

④山、水、田、湖、草、林是一个生命共同体，这是对习近平生态文明论述的系统性说明。人类社会赖以生存和发展的生态环境是经济、社会以及外部环境之间，构成的一个可以相互联系的有机复合型系统。人类社会只有尊重自然、保护自然，生态环境才可以为经济社会的发展，提供不竭的动力。所以，要统筹兼顾地推动低碳发展、绿色发展以及循环发展，而且还应该统一管理自然资源的使用方式，尽最大地努力保护人民群众的身体健康和生态系统功能的完整性，促进经济社会实现又好又快发展。

（5）实行最严密的法治、最严格的法律制度保护生态环境，这是习近平生态文明论述的重要抓手。党的十八大以来，国家层面实施了一系列具有长远性、开创性以及根本性的制度性工作，使得生态环境保护发生了全局性、转折性以及历史性的变化。同时，生态文明建设正处在负重前行、压力倍增的阶段，必须不断创新体制机制，加强依法治国的力度，让法律制度为生态文明建设提供坚强的保障。

（6）共同谋划全世界的生态文明建设，这是习近平生态文明论述所彰显的大国担当。应对气候变化和保护生态环境，是全世界都必须面对的挑战。我国将会继续承担相应的国际义务，并且通过'一带一路'等平台，积极与国际社会在生态文明建设等领域开展交流与合作，为全世界生态文明建设，贡献出自己的力量。

展望未来，习近平的生态文明论述既能够为我国生态文明建设的深入发展提供行动指南，又可以还人类社会一个美丽、和谐以及安静的新生态环境。除此以外，其还可以加快中国进入生态文明新时代的步伐，以实现经济社会可持续发展和"两个一百年"的奋斗目标。由此可见，这与喀斯特石漠化治理生态补偿的目的是完全一致的。

2.4.2　习近平新时代中国特色社会主义经济思想

党的十八大以来，以习近平同志为核心的党中央科学地对我国经济社会发展形势做出判断，成功应对了各种类型的挑战，并且还在实践的过程当中，形成了以绿色、开放、协调、共享、创新的新发展理念作为核心的习近平新时代中国特色社会主义经济思想。[1] 其主要的内容为：

（1）坚持党委对经济发展工作的统一、集中领导，并且完善和健全党中央领导经济发展工作的相关体制机制。[2]

（2）坚持以人民群众作为中心的发展理念，并且还要将其统筹兼顾到"四个全面"战略布局和"五位一体"总体布局里面。[3]

（3）坚持适应并且引领我国的经济发展新常态，清楚地向外界表

---

[1]柳斌杰，王天义.学习十九大报告：经济50词［M］.北京：人民出版社，2018：8-10.
[2]柳斌杰，王天义.学习十九大报告：经济50词［M］.北京：人民出版社，2018：8-10.
[3]柳斌杰，王天义.学习十九大报告：经济50词［M］.北京：人民出版社，2018：8-10.

明了：对我国经济社会发展的新形势应该如何认识、如何开展工作等问题，统一了全党、全社会对经济发展新形势的认识。①

（4）坚持市场在资源配置的过程里面起决定性作用和更好地发挥政府作用，并且经济体制改革的重点是——妥善处理市场与政府之间的关系，以为经济社会的可持续发展，提供强大的动力。②

（5）坚持适应中国经济社会发展主要矛盾的转变，完善和健全宏观调控机制，并且以供给侧结构性改革的推进作为开展这一方面工作的"主基调"，以保障经济社会的发展又好又快。③

（6）坚持推进长江经济带发展战略、京津冀协同发展战略以及"一带一路"发展战略等经济发展新战略，以实现我国经济社会发展方式的变革。④

（7）坚持正确的工作方法、工作思路以及工作策略等，并且牢牢把握住宏观调控机制的"度"，以"稳中求进"作为总基调，坚持底线思维，持续推进我国的经济社会发展。⑤

在以上几点内容中，第1点是具有根本性、总领性的内容，第2点是经济社会发展的根本目标，其他几点则是为了实现经济社会高质量发展而需要实施的重要途径。⑥

我国南方地区的喀斯特石漠化治理生态补偿除了是一个重大的生态环境保护问题之外，还是一个亟待解决的经济社会发展问题。因此，在未来的喀斯特石漠化治理生态补偿过程当中，也需要按照习近平新时代中国特色社会主义经济思想的要求：坚持党委的领导，坚持以人民群众

---

① 柳斌杰，王天义 . 学习十九大报告：经济50词 [M]. 北京：人民出版社，2018：8-10.
② 柳斌杰，王天义 . 学习十九大报告：经济50词 [M]. 北京：人民出版社，2018：8-10.
③ 柳斌杰，王天义 . 学习十九大报告：经济50词 [M]. 北京：人民出版社，2018：8-10.
④ 柳斌杰，王天义 . 学习十九大报告：经济50词 [M]. 北京：人民出版社，2018：8-10.
⑤ 柳斌杰，王天义 . 学习十九大报告：经济50词 [M]. 北京：人民出版社，2018：8-10.
⑥ 柳斌杰，王天义 . 学习十九大报告：经济50词 [M]. 北京：人民出版社，2018：8-10.

对美丽生态环境的向往作为根本出发点和落脚点，坚持适应经济发展新常态，坚持市场在资源配置之中起决定性作用和更好地发挥政府作用，坚持推进供给侧结构性改革，坚持底线思维和恰当的治理模式，坚持绿色发展的新理念，并且借助经济发展新战略所搭建起来的平台，不断完善与丰富喀斯特石漠化治理生态补偿的措施和资金来源渠道，以实现高效治理的目的。

总而言之，习近平的生态文明论述和经济思想可以为喀斯特石漠化治理生态补偿，提供重要的指导意义。其主要的内容可以归结为：

（1）坚持以经济建设为中心，并且依赖生态环境系统大力发展生产力。生态系统当中的森林资源、水资源以及土地资源等，都是人类社会发展的基础和关键点。需要在尽量降低不可再生资源使用的同时，积极开发可再生资源，以促进生态环境和经济社会发展之间相平衡。[①]

（2）劳动对象、劳动工具以及劳动者是构成生产力的要素。生态环境当中的人类，是强大而且重要的生产力。我国所实施的创新驱动发展战略、人才强国战略以及科教兴国战略等，其目的都是为了提高人的素质。除此以外，修复与保护生态环境可以为人类社会创造出一个良好的生产、生活环境，还能够提升生产力的发展水平，体现出了以人民作为中心的发展理念。[②]

（3）改善与保护生态环境的本质就是发展经济，这意味着：一方面，可以使得提升生产力发展水平的自然条件得以巩固；另一方面，能够实现中国经济社会的发展从高速度转向高质量。因此，生态环境保护

[①] 罗会钧，许名健.习近平生态观的四个基本维度及当代意蕴［J］.中南林业科技大学学报（社会科学版），2018（2）：1-5，18.
[②] 罗会钧，许名健.习近平生态观的四个基本维度及当代意蕴［J］.中南林业科技大学学报（社会科学版），2018（2）：1-5，18.

和经济社会发展之间是辩证统一的关系。①

（4）坚持绿色发展的新理念，不断完善生态环境的保护政策，切实维护我国的生态环境安全。②

（5）坚持良好的生态环境不仅仅是最为普惠的民生福祉，而且也是最为公正、公平的公共产品。因此，要按照法律、法规的要求保护好其公共性，这是实现人类社会可持续发展的最基本要求。同时，还要大力实施乡村振兴战略，并且充分调动人民群众的参与积极性，以生态宜居作为侧重点，不断发展乡村生态经济，实现生态环境和经济社会相协调发展。③

2.5　本章小结

本章对本论文所涉及的喀斯特石漠化治理、生态补偿的概念、相关理论及其相互关系等内容，进行了归纳和梳理，有利于找到喀斯特石漠化治理生态补偿体系研究的重点、难点。

---

①罗会钧，许名健. 习近平生态观的四个基本维度及当代意蕴 ［J］. 中南林业科技大学学报（社会科学版），2018（2）：1-5，18.
②罗会钧，许名健. 习近平生态观的四个基本维度及当代意蕴 ［J］. 中南林业科技大学学报（社会科学版），2018（2）：1-5，18.
③罗会钧，许名健. 习近平生态观的四个基本维度及当代意蕴 ［J］. 中南林业科技大学学报（社会科学版），2018（2）：1-5，18.

第三章 贵州省喀斯特石漠化的现状
及其生态补偿支持治理的
典型案例分析

分析喀斯特石漠化的现状，是开展生态补偿问题研究的前提条件。为了便于分析，本论文将喀斯特石漠化的类型划分为无石漠化、轻度石漠化、潜在石漠化、中度石漠化、极强度石漠化以及强度石漠化。具体而言，有如下的内容：

（1）无石漠化是指土壤没有被侵蚀或者是侵蚀并不显著，拥有连片分布的灌木、林地、草地植被或者是土被，基岩裸露率不超过20%，土壤层比较厚，坡度比较缓。此类地区的生态环境不脆弱，人类与土地之间的矛盾并不突出。主要分布在地形比较平缓或者是土层比较厚的平地、缓坡梯田、洼地以及高覆盖度的林地、城镇、水体等区域范围。①

（2）潜在石漠化是指土壤受到的侵蚀并不显著，土被、植被的覆盖度比较大，生态环境之中容易发生旱灾、缺水以及干燥问题，旱生性、岩生性的藤刺灌丛类植被占绝大多数，基岩裸露率为20%到30%。

---

①熊康宁.贵州省喀斯特石漠化综合防治图集（2006—2050）［M］.贵阳：贵州人民出版社，2007：11.

此类地区的生态环境比较脆弱，一旦森林植被遭到毁坏，就难以恢复。①

（3）轻度石漠化是指土壤侵蚀比较显著，植被的结构性不好，稀疏的灌草丛占绝大多数，基岩裸露率为31%到50%。此类地区的生态环境类型可以归属为轻微脆弱型，坡改梯比较困难，资金和劳动力的需求数量比较大，治理的成效不明显；封山育林的难度大，而且耗费的时间长。②

（4）中度石漠化是指喀斯特石漠化的特点已经比较明显，土壤侵蚀比较大，基岩裸露率为51%到70%，土层的平均厚度还不到10厘米。主要分布于纯碳酸盐岩的区域范围，生态环境较为脆弱，不适合进行农耕，植被成长的环境比较差，低生物量、低结构以及低覆盖度的植物群落结构非常多。③

（5）强度石漠化是指喀斯特石漠化的表现已经显著了，土壤遭到严重侵蚀，基岩裸露率为71%到90%，原生的土壤层比较薄，灌草丛很多，坡度陡，土地在农业方面的使用意义基本上没有。往往在纯度比较大的峰林、石质峰丛喀斯特山地丘陵地区、植被破坏严重的地区以及土壤层被人为反复开垦的地区发生。④

（6）极强度石漠化是指喀斯特石漠化发展的最高等级，土壤侵蚀强烈，喀斯特石漠化现象十分明显，有时候甚至于已经没有土壤可以流失了。基岩裸露率超过了90%，生态环境非常脆弱，人类和土地之间的

---

①熊康宁.贵州省喀斯特石漠化综合防治图集（2006—2050）　[M].贵阳：贵州人民出版社，2007：11.

②熊康宁.贵州省喀斯特石漠化综合防治图集（2006—2050）　[M].贵阳：贵州人民出版社，2007：11.

③熊康宁.贵州省喀斯特石漠化综合防治图集（2006—2050）　[M].贵阳：贵州人民出版社，2007：11.

④熊康宁.贵州省喀斯特石漠化综合防治图集（2006—2050）　[M].贵阳：贵州人民出版社，2007：11.

矛盾非常突出，土地基本上不具有农业方面的使用意义。绝大多数发生于原生土壤层薄、坡度陡的高纯度喀斯特峰林山地、峰丛丘陵地区。[①]

因此，这就为后续开展贵州省及其黔西南布依族苗族自治州喀斯特石漠化治理生态补偿的相关研究奠定了基础。

3.1 贵州省喀斯特石漠化的现状分析

贵州省是我国南方喀斯特石漠化问题最为严重的省份，而在其省内，黔西南布依族苗族自治州又是比较典型的。喀斯特石漠化治理既具有长期性、综合性、系统性、复杂性、公益性以及社会性的特点，又属于生态环境保护问题，而生态环境保护又拥有公共物品属性的特征，因此，理应得到生态补偿等财政支持。

3.1.1 贵州省喀斯特石漠化的概况

贵州省位于中国的西南腹地，地域面积为 176 167 平方千米，与四川省、湖南省、重庆市、广西壮族自治区以及云南省接壤，是我国西南地区重要的交通枢纽。下辖：贵阳市、安顺市、遵义市、铜仁市、六盘水市、毕节市、黔西南布依族苗族自治州、黔南布依族苗族自治州以及黔东南苗族侗族自治州。同时，作为云贵高原的重要组成部分之一，并且经过了 10 亿多年的地质地貌演化进程，才出现了当今的地质地貌，从而为喀斯特石漠化的形成打下了基础。

贵州省拥有发育完整的地层，从中元古界开始到第四系结束都有露出，剖面齐全，层序较为完整，特别是海相地层的层序发育相接很好。

---

① 熊康宁. 贵州省喀斯特石漠化综合防治图集（2006—2050）［M］. 贵阳：贵州人民出版社，2007：11.

中晚元古代方面以海相碎屑沉积占绝大多数，而从古生代到晚三叠世中期却以海相碳酸盐沉积作为主导，晚三叠世晚期之后全部都是陆相碎屑沉积。同时，火成岩呈现出了零星分布的态势，变质岩以层状浅变质岩系占绝大多数。造成沉积岩形成的生态环境要素有很多，相对比较复杂。然而，却以浅海台地相沉积占绝大多数。在这里面，发育最为强烈的是碳酸盐岩地层，特别是以生物碳酸盐岩作为主体，地层里面含有丰富的古生物化石。再加上，加里东、武陵、雪峰、燕山—喜马拉雅以及华力西—印支等强烈的水平褶皱运动、缓和的垂直升降运动，从而为形成喀斯特地貌，提供了强大的内部动力。①

贵州省内的地势东部地区低、西部地区高，从中部地带向东面、南面以及北面倾斜，平均的海拔高度大概为 1 100 米。地貌类型可以划分为丘陵、高原山地以及盆地，并且前两者占据了 92.5% 的地域面积。除此以外，喀斯特的分布范围广泛，形态类型多种多样，而且还发育强烈。由此观之，以喀斯特地貌作为本底的生态环境系统，是其经济社会发展的自然基础，也是导致石漠化形成的一个主要原因。②

3.1.1.1　贵州省喀斯特石漠化的现状

见表 3-1、表 3-2，如图 3-1 所示：从 2006 年到 2011 年，贵州省的喀斯特石漠化面积总体上逐渐减小，并且喀斯特石漠化的演变类型以稳定型占主导。其中，轻度石漠化的面积减小幅度最大，而中度石漠化的面积则有上升的发展趋势。

---

①贵州省发展和改革委员会，贵州师范大学．贵州省岩溶地区石漠化综合治理规划（2008—2015）（内部资料），2008 年 4 月．
②贵州省发展和改革委员会，贵州师范大学．贵州省岩溶地区石漠化综合治理规划（2008—2015）（内部资料），2008 年 4 月．

表 3-1 贵州省的喀斯特石漠化状况

指标内容	第一次调查	第二次调查	变化幅度
地域面积（单位：公顷）	17 616 700	17 616 700	0
喀斯特面积（单位：公顷）	10 908 458	11 240 174.7	331 716.7
喀斯特面积占地域面积的比例（单位:%）	61.92	63.8	1.88
轻度石漠化			
面积（单位：公顷）	2 215 576	1 064 874.1	-1 150 701.9
占喀斯特面积的比例（单位:%）	20.31	9.47	-10.84
占地域面积的比例（单位:%）	12.58	6.04	-6.54
占石漠化土地面积的比例（单位:%）	58.93	35.22	-23.71
中度石漠化			
面积（单位：公顷）	1 086 895	1 534 139.6	447 244.6
占喀斯特面积的比例（单位:%）	9.96	13.65	3.69
占地域面积的比例（单位:%）	6.17	8.71	2.54
占石漠化土地面积的比例（单位:%）	28.91	50.74	21.83
强度石漠化			
面积（单位：公顷）	371 541	375 042.7	3 501.7
占喀斯特面积的比例（单位:%）	3.41	3.34	-0.07
占地域面积的比例（单位:%）	2.11	2.13	0.02
占石漠化土地面积的比例（单位:%）	9.88	12.4	2.52
极强度石漠化			
面积（单位：公顷）	85 724	49 700.8	-36 023.2
占喀斯特面积的比例（单位:%）	0.79	0.44	-0.35

续 表

指标内容	第一次调查	第二次调查	变化幅度
占地域面积的比例（单位:%）	0.49	0.28	-0.21
占石漠化土地面积的比例（单位:%）	2.28	1.64	-0.64
无石漠化			
面积（单位：公顷）	3 746 004	4 960 837.1	1 214 833.1
占喀斯特面积的比例（单位:%）	34.34	44.13	9.79
占地域面积的比例（单位:%）	21.26	28.16	
潜在石漠化			
面积（单位：公顷）	3 402 658	3 255 580.4	-147 077.6
占喀斯特面积的比例（单位:%）	31.19	28.96	-2.23
占地域面积的比例（单位:%）	19.31	18.48	-0.83
石漠化			
面积（单位：公顷）	3 759 736	3 023 757.2	-735 978.8
占喀斯特面积的比例（单位:%）	34.47	26.9	-7.57
占地域面积的比例（单位:%）	21.34	17.16	-4.18
石漠化发生率（单位:%）	34.47	26.9	-7.57

数据来源：熊康宁.贵州省喀斯特石漠化综合防治图集（2006—2050）［M］.贵阳：贵州人民出版社，2007：11；贵州省林业厅。

需要特别说明的是，变化幅度=第二次喀斯特石漠化状况调查结果-第一次喀斯特石漠化状况调查结果；"-"表示减少，"+"表示增加；石漠化发生率=石漠化面积/喀斯特面积。

表3-2　贵州省喀斯特石漠化的演变类型统计表（单位：公顷）

调查单位	喀斯特石漠化的演变类型				
	明显改善型	轻微改善型	稳定型	退化加剧型	退化严重加剧型
贵州省	591 999.6	342 412.9	9 666 606.1	157 297.0	449 570.4

数据来源：贵州省林业厅.

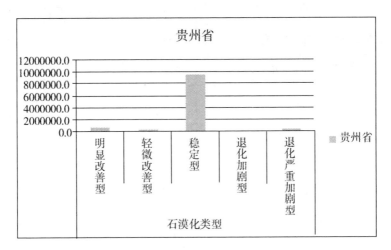

图3-1　贵州省喀斯特石漠化的演变类型统计图（单位：公顷）

数据来源：贵州省林业厅。

3.1.1.2　贵州省喀斯特石漠化的分布特点①

在全国的喀斯特石漠化地区之中，贵州省的喀斯特面积、石漠化面积都排在第一位，并且还具有以下的分布特点：

（1）分布的范围广泛。喀斯特石漠化广泛分布在贵州全省，除了连片分布的喀斯特地区以外，整个喀斯特地区都存在不同类型、不同等级的石漠化，特别是在省内的南部、西部以及中部的白云岩地区与纯石灰岩地区，喀斯特石漠化的分布还表现出了连片、集中的特点。

———————————

①贵州省发展和改革委员会，贵州师范大学．贵州省岩溶地区石漠化综合治理规划（2008—2015）（内部资料），2008年4月．

（2）类型复杂，具有很强的典型性。与我国南方其他喀斯特石漠化地区相比较，贵州省的石漠化类型比较完整，不仅仅具有无石漠化、中度石漠化、轻度石漠化、潜在石漠化、极强度石漠化、强度石漠化类型，而且还有喀斯特高原石漠化典型地区、喀斯特峡谷石漠化典型地区、白云岩喀斯特石漠化典型地区以及石灰岩喀斯特石漠化典型地区，导致其形成的原因多种多样。因此，喀斯特石漠化具有很强的典型性。

（3）空间的分布不平衡。省内的西部地区和南部地区喀斯特石漠化问题严重，而东部地区和北部地区却较为轻微。在喀斯特地貌和石漠化驱动要素的共同作用之下，极强度石漠化和强度石漠化主要分布在省内的南部地区和西部地区，如六枝特区、水城县、贞丰县、关岭布依族苗族自治县、长顺县以及紫云苗族布依族自治县等；而省内的北部地区与东部地区则与之相反，如三都水族自治县、麻江县、丹寨县、镇远县、黄平县、桐梓县、习水县、正安县以及绥阳县等，多分布为中度石漠化、轻度石漠化。

（4）发展的趋势不容乐观。见表 3-1：从 2006 年到 2011 年，全省喀斯特石漠化土地面积占其地域面积的比例只下降了 4.18%。在这当中，中度及其以上石漠化土地面积的占比还上升了 2.35%。由此看来，其恢复与治理的难度比较高。同时，对于潜在石漠化的土地来说，如果不采取相应的措施加以治理，加之人为因素的大量干扰，最终，发展成为喀斯特石漠化土地的可能性非常大。

3.1.1.3　贵州省喀斯特石漠化的形成原因和条件①

导致喀斯特石漠化形成的原因和条件，主要包括以下的内容：

（1）脆弱的喀斯特生态环境是石漠化形成的基础。在我国南方喀

---

①贵州省发展和改革委员会，贵州师范大学．贵州省岩溶地区石漠化综合治理规划（2008—2015）（内部资料），2008 年 4 月．

斯特地区当中，由于其经历了特别的地质地貌演化过程，从而造成了脆弱的喀斯特生态环境。喀斯特石漠化的不同之处主要在于该区域地质构造运动所产生的影响，尤其是在构造运动发生较为频繁的地方最为明显。中生代燕山构造运动产生了以挤压占主导地位的力量，导致了褶皱作用出现在该区域。以升降占主导，加之新生代喜马拉雅构造运动，使得喀斯特高原出现了破碎、陡峭的地貌特征。其中，构造运动还会引起势能的重新组合，这又是触发水土流失与地貌侵蚀的根本原因。从宏观和实质的层面来讲，区域的地质环境能够影响水土流失的程度，可以在一定程度上，体现水土流失的内部动力。古环境的演化过程能够为喀斯特石漠化的形成，提供碳酸盐岩等物质。当纯碳酸盐岩大面积露出的时候，产生喀斯特石漠化的物质基础就形成了。通过一系列复杂的古环境变化过程，从元古代震旦纪开始到中生代三叠纪终止，碳酸盐岩都会以连续型纯白云岩与连续型纯石灰岩的形式出现。

（2）湿润、温暖的气候条件为喀斯特石漠化的形成，提供了重要的侵蚀营力。我国的南方喀斯特石漠化地区处在青藏高原的东翼斜坡和印度洋季风、太平洋季风相互影响的边缘区域，再加上海拔高、纬度低，暖空气、冷空气通常会在这里集合，从而导致了静止锋的形成，降雨量非常丰富。对于贵州省的绝大多数地区来讲，年平均降水天数大于或者是等于 170 天，年平均降水量为 1100 毫米到 1400 毫米。因此，潮湿、温暖的季风性气候条件为喀斯特石漠化的形成，提供了重要的侵蚀营力。

（3）人口的压力大是喀斯特石漠化形成的主要因素。由于贵州省的人口密度（见表 2-1）已经远远多于了理论上喀斯特地区人口密度 150 人/平方千米的极值，从而造成激增的人口给脆弱的生态环境带来了很大的压力，加之经济社会的发展模式缺少相应的生态文化作为支撑，更是加深了人类与土地开发利用之间的矛盾。为了生存和发展，人们不得不采取毁林开荒等方式，使得森林退化成为裸地或者是藤刺灌丛，而且还难以逆转。同时，农业是国民经济发展的基础，而良好的生态环境又是农业发展的重要支撑，喀斯特石漠化问题的严峻性，既阻碍了农业的高效、稳定发展，又导致了贫困程度的加深。再加上，农村的能源结构较为简单、农民的生态文明建设意识不强、缺乏科学技术知识的指导以及法制不健全等原因，造成资源的开发利用效率降低、灌木林面积减小、森林面积降低、森林蓄积量减小等恶果，从而增大了水土流失的面积。导致水土流失的主要原因是人为活动，诸如，过度的烧山和过度的砍伐林木资源等行为，尤其是陡坡开垦造成了表层土壤在长时间雨季的影响之下，产生大面积的流失。最终，导致了岩石裸露的后果。喀斯特地区的土壤形成过程非常缓慢，并且土壤层的厚度比较薄，所以，一旦发生水土流失，母岩上便很难再形成土被，从而使得这些地方的土地基本上没有了农业利用的意义，从而导致了喀斯特石漠化的形成。

3.1.1.4　贵州省喀斯特石漠化的危害①

贵州省喀斯特石漠化的危害，主要表现在这样一些方面：

（1）生物多样性减弱，生态系统退化。喀斯特石漠化既造成了生态环境里面生物多样性的降低，而且又为了适应新的环境条件，其植物就被迫会做出变异，从而导致了森林退化，物种数量降低，植物群落变得单一或者是变异。同时，由于生态系统的逆向演化，容易让紫茎泽兰等恶草发展成为单优群落，从而给生态文明建设、林业和农业的发展带来极大的负面影响。

---

①贵州省发展和改革委员会，贵州师范大学. 贵州省岩溶地区石漠化综合治理规划（2008—2015）（内部资料），2008 年 4 月.

（2）水资源的供给数量降低。由于贵州省的喀斯特石漠化地区植被覆盖度比较低，基岩裸露，土壤层变薄，地下、地表的二元地质结构，渗漏现象严重，造成地表水源的涵养能力减弱，保水的功能不佳，溪、河的径流降低，土地和井泉发生干旱，形成了湿润性气候背景之下的干旱现象。同时，这一地区也不容易蓄水，给农业生产、脱贫攻坚等经济社会发展进程，造成了很大的阻碍。

（3）土地生产力和耕地面积降低。坡耕地的数量多、分布的范围广泛以及坡度大等，是引发水土流失、粮食产量不高而且不稳定的主要因素。暴雨的作用，导致土地表面的肥沃型土壤被冲刷掉了，导致土地生产力和农业生产水平减弱，加之传统的经济社会发展方式，使得当地农民陷入了"开垦—喀斯特石漠化—贫困"的恶性循环。

（4）旱灾和涝灾严重。喀斯特石漠化所导致的自然灾害，使得原本就脆弱的生态环境变得更加脆弱，减小了其对自然灾害的"抵抗力"，并且还引起了旱灾、涝灾等自然灾害的发生。

（5）泥石流、滑坡频繁发生。地形破碎、山高坡陡、土层浅薄、切割严重、抵抗侵蚀的能力不佳等是贵州省地理环境的突出特点，因此，每当暴雨来临的时候，就容易引发泥石流、滑坡等问题。而喀斯特石漠化地区的基础设施建设步伐又比较滞后，从而影响了经济社会的可持续发展。

（6）威胁到了珠江流域、长江流域中下游区域的生态环境安全。由于上述的原因，导致贵州省喀斯特石漠化地区调蓄洪涝灾害的能力欠佳，大量的泥沙流入长江流域和珠江流域之中，造成其下游区域处淤积，河道变得狭窄、淤浅，湖泊的容量及其面积逐渐降低，对珠江流域、长江流域中下游地区的生态环境安全产生了很大的威胁。

综上所述，贵州省的喀斯特石漠化问题是比较突出的，而在其省内的各市州当中，如图 3-2 和图 3-3 所示，黔西南布依族苗族自治州却又比较典型。因为无论是从喀斯特石漠化的发生率，还是从喀斯特石漠化的减少程度等内容来看，黔西南布依族苗族自治州在全省的排位都比较落后。同时，其还是贵州省内各市州当中，唯一一个同时连接云南省、广西壮族自治区的少数民族地区。研究该区域的喀斯特石漠化治理问题，既有利于促进经济社会实现可持续发展、保护生态环境，也有利于增进各民族之间的交流、互通、团结，以实现各民族"共同团结奋斗、共同繁荣发展"的目标。

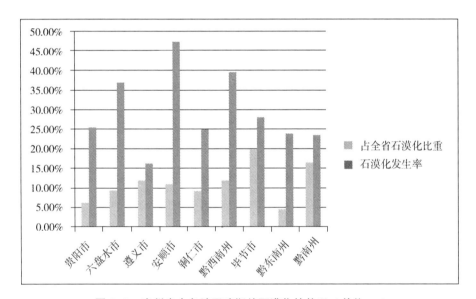

图 3-2　贵州省内各地区喀斯特石漠化的状况（单位:%）

数据来源：贵州省林业厅。

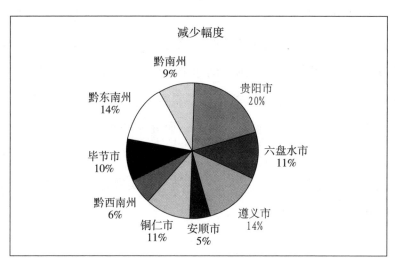

图 3-3　贵州省内各地区喀斯特石漠化的减少幅度（单位:%）

数据来源：贵州省林业厅。

3.1.2　个案的具体情况：黔西南布依族苗族自治州

　　黔西南布依族苗族自治州位于贵州省的西南部，地域面积为 16 805 平方千米。东面与省内的黔南布依族苗族自治州相邻，西面与省内的六盘水市和云南省的曲靖市接壤，南面与广西壮族自治区的百色市相连，而北面则与省内的安顺市与六盘水市相毗邻，是贵州省内唯一一个同时连接广西壮族自治区、云南省的，并且是以苗族和布依族占主导的少数民族地区。下辖：兴义市、晴隆县、贞丰县、兴仁市、望谟县、安龙县、普安县以及册亨县。

　　黔西南布依族苗族自治州的二叠系地层与三叠系地层居多，部分区域还有泥盆系地层与石炭地层，而第四系地层、白垩系地层以及第三系地层则呈零星分布的特点。从岩性的层面进行考察，三叠系地层的上统以碎屑岩居多，中统除了顶部是碎屑岩以外，其他的部分都是碳酸盐岩；而下统的下段是碳酸盐岩夹碎屑岩，上段是碳酸盐岩。二叠系地层的上统以碎屑岩居多，夹有煤层和灰岩，下统是碳酸盐岩，底部是玄武岩。石炭系地层里面以碳酸盐岩居多，并且夹有碎屑岩。泥盆系地层在露点处，主要是碳酸盐岩。另外，溶蚀地貌和侵蚀地貌构成了其主要的地貌类型。后者主要发生在非喀斯特地区，根据形态特征可以划分为冲沟河漫滩和坳沟阶地。而前者主要发生于喀斯特地区，广泛分布在全州范围之内，根据发育程度可以划分为：以峰丛洼地占主导地位的溶蚀地貌与以残丘、峰林谷地以及洼地占主导地位的溶蚀地貌。① 加之全州的地形南低北高，东低西高，相对海拔高度差多达 1 932.2 米，平均海拔高度为 1 000 米至 1 200 米等因素，从而为喀斯特石漠化的形成奠定了基础。

3.1.2.1　黔西南布依族苗族自治州喀斯特石漠化的现状

见表 3-3、表 3-4，如图 3-4 所示：从 2006 年到 2011 年，黔西南布依族苗族自治州的喀斯特石漠化面积总体上逐渐下降，并且喀斯特石漠化的演变类型以稳定型占主导。其中，轻度石漠化和强度石漠化呈上升的发展态势，中度石漠化和极强度石漠化呈下降的发展态势。而且，轻度石漠化的上升幅度最大，中度石漠化的下降幅度最大。

需要特别说明的是，变化幅度=第二次喀斯特石漠化状况调查结果－第一次喀斯特石漠化状况调查结果；"－"表示减少，"＋"表示增加；石漠化发生率=石漠化面积/喀斯特面积。

---

① 贵州师范大学. 黔西南布依族苗族自治州岩溶地区石漠化综合防治规划（2011—2020）（内部资料），2011 年 6 月.

表 3-3　黔西南布依族苗族自治州的喀斯特石漠化状况

指标内容	第一次调查	第二次调查	变化幅度
地域面积（单位：公顷）	1 680 500	1 680 500	0
喀斯特面积（单位：公顷）	904 421.1	905 039.5	618.4
喀斯特面积占地域面积的比例（单位:%）	53.82	53.86	0.04
轻度石漠化			
面积（单位：公顷）	65 718	73 185.8	7 467.8
占喀斯特面积的比例（单位:%）	7.27	8.09	0.82
占地域面积的比例（单位:%）	3.91	4.36	0.45
占石漠化土地面积的比例（单位:%）	17.31	20.38	3.07
中度石漠化			
面积（单位：公顷）	214 991.7	199 464.2	−15 527.5
占喀斯特面积的比例（单位:%）	23.77	22.04	−1.73
占地域面积的比例（单位:%）	12.79	11.87	−0.92
占石漠化土地面积的比例（单位:%）	56.63	55.53	−1.1
强度石漠化			
面积（单位：公顷）	65 370.2	66 086	715.8
占喀斯特面积的比例（单位:%）	7.23	7.3	0.07
占地域面积的比例（单位:%）	3.89	3.93	0.04
占石漠化土地面积的比例（单位:%）	17.22	18.4	1.18
极强度石漠化			
面积（单位：公顷）	33 563.2	20 453.8	−13 109.4
占喀斯特面积的比例（单位:%）	3.71	2.26	−1.45

指标内容	第一次调查	第二次调查	变化幅度
占地域面积的比例（单位：%）	2	1.22	-0.78
占石漠化土地面积的比例（单位：%）	8.84	5.69	-3.15
无石漠化			
面积（单位：公顷）	319 543.3	322 305.7	2 762.4
占喀斯特面积的比例（单位：%）	35.33	35.61	0.28
占地域面积的比例（单位：%）	19.01	19.18	0.17
潜在石漠化			
面积（单位：公顷）	205 234.7	223 544	18 309.3
占喀斯特面积的比例（单位：%）	22.69	24.7	2.01
占地域面积的比例（单位：%）	12.21	13.3	1.09
石漠化			
面积（单位：公顷）	379 643.1	359 189.8	-20 453.3
占喀斯特面积的比例（单位：%）	41.98	39.69	-2.29
占地域面积的比例（单位：%）	22.59	21.37	-1.22
石漠化发生率（单位：%）	41.98	39.69	-2.29

数据来源：陈伟.石漠化治理背景下的农户生计研究——以贵州省黔西南州为例［D］.南京：南京林业大学，2015；贵州省林业厅。

表3-4　黔西南布依族苗族自治州喀斯特石漠化的演变类型统计表（单位：公顷）

调查单位	喀斯特石漠化的演变类型				
	明显改善型	轻微改善型	稳定型	退化加剧型	退化严重加剧型
黔西南布依族苗族自治州	63 019.6	43 388.1	715 035.4	27 694.8	54 419.4

数据来源：贵州省林业厅。

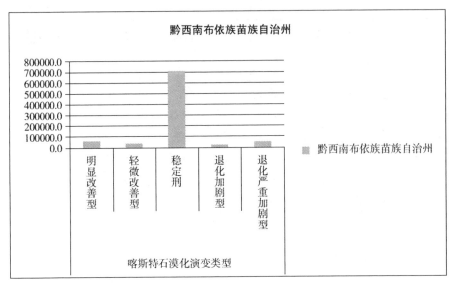

图3-4 黔西南布依族苗族自治州喀斯特石漠化的演变类型统计图（单位：公顷）

数据来源：贵州省林业厅。

3.1.2.2 黔西南布依族苗族自治州喀斯特石漠化的分布特点[①]

与贵州省内其他地区相比较，黔西南布依族苗族自治州喀斯特石漠化分布具有以下特征：

（1）类型比较齐全，典型性强。全州从非石漠化至极强度石漠化类型都存在，还有高原喀斯特石漠化典型区域、喀斯特峡谷石漠化典型区域、白云岩喀斯特石漠化典型区域以及石灰岩喀斯特石漠化典型区域，导致的原因多种多样，类型复杂，具备很强的代表性。

（2）空间的分布不平衡。全州的中部地区石漠化非常严重，西北部地区比较轻，而东部地区则主要为非喀斯特的宏观格局。在喀斯特环境的基础之上，并且受到了石漠化驱动要素的影响，贞丰县、安龙县的极强度石漠化、强度石漠化分布比较广；由于西部地区的非喀斯特和喀

[①]贵州师范大学.黔西南布依族苗族自治州岩溶地区石漠化综合防治规划（2011—2020）（内部资料），2011年6月.

斯特相间分布，喀斯特石漠化程度与中部地区相比较稍小，兴仁市和兴义市在宏观格局方面以轻度石漠化为主体，局部地区仍然存在着极强度石漠化、强度石漠化；普安县的轻度石漠化和潜在石漠化分布比较广，只有局部地区发生强度之上的喀斯特石漠化；东部地区的望谟县、册亨县由于非喀斯特出露面积大，只有部分地区发生喀斯特石漠化。

（3）分布的范围广泛。除了州内东部地区拥有成片分布的非喀斯特之外，其他喀斯特区域都拥有不同等级的石漠化，特别是在安龙县、贞丰县以及兴义市的白云岩地区与纯石灰岩地区，喀斯特石漠化还表现出了连片、集中分布的现象。

（4）发展的趋势不容乐观。我们知道，贫困和喀斯特石漠化是一对"孪生兄弟"。因而，见表3-5：虽然从总体上看，全州的贫困人口、贫困发生率都在逐年下降，但是仍然比较高，也极容易陷入"贫困—破坏生态环境—喀斯特石漠化严重"的恶性循环中，进而影响到全州乃至贵州省、云南省、广西壮族自治区等其他喀斯特石漠化地区，经济社会实现可持续发展的进程。同时，再见表3-3：从2006年至2011年，全州的潜在石漠化面积增加了18 309.3公顷，如果再不采取相应的措施加以防治，加之人类活动的大量破坏，这部分潜在石漠化土地就非常容易发展成为喀斯特石漠化土地。

表3-5 黔西南布依族苗族自治州的贫困状况

年份	贫困人口（单位：万人）	贫困发生率（单位：%）
2011年	109.18	36.23
2012年	86.35	28.09
2013年	69.5	22.33
2014年	58.29	18.48
2015年	43.23	13.75
2016年	34.27	10.87

数据来源：贵州省扶贫开发办公室。

3.1.2.3 黔西南布依族苗族自治州喀斯特石漠化的形成原因和条件[①]

导致黔西南布依族苗族自治州喀斯特石漠化形成的原因和条件，主要包括以下内容：

（1）脆弱的喀斯特生态环境。黔西南布依族苗族自治州的连续型白云岩和连续型灰岩组合很多，而且其岩性非常脆弱。因为碳酸盐岩的流失速率高于成土速率，导致土壤流失严重，基岩大面积露出。再加上，全州的喀斯特小块状山峦、溶丘谷地以及丘峰发育良好，山地之中的大量基岩出现，石沟与石芽发育。同时，随着土地坡度的提升，降低了其固体物的稳定性，造成侵蚀的数量提高，山高坡陡、土被不厚并且不连续，结构性不佳，土壤里面的养分含量少，加之人类活动的破坏和森林覆盖率比较小等原因，从而触发了水土流失，加速了喀斯特石漠化的发展。

（2）喀斯特的侵蚀作用、溶蚀作用强。见表3-6：黔西南布依族苗族自治州属于中亚热带湿润季风性气候地区，一年之中的绝大多数时间都会受到亚热带季风环流的干扰，无霜的时间长，气候湿润、温暖，降水量比较大，相对湿度比较高，是贵州省的多雨中心之一。这就为喀斯特溶蚀作用、侵蚀作用供应了较为充沛的营力来源，促进了喀斯特石漠化的发展。

（3）人口的压力大。见表3-7：黔西南布依族苗族自治州的人口密度也已经高于喀斯特地区人口密度150人/平方千米的理论极限值，所以，人口对土地的压力增大。为了生存与发展，人们不得不采取砍伐林木资源等措施，从而导致森林覆盖率减小，喀斯特石漠化现象出现。

---

①贵州师范大学.黔西南布依族苗族自治州岩溶地区石漠化综合防治规划（2011—2020）（内部资料），2011年6月.

（4）较为落后的文化、教育水平。黔西南布依族苗族自治州劳动力所接受教育的程度比较低，缺乏对现代科学技术知识的掌握，有的地区仍然使用较为传统的生产技术，导致劳动所创造的经济效益比较少。并且，他们的眼界还不够开阔，往往为了一时的经济利益，而全然不顾生态环境的承受力。因此，在长时间的生产劳动过程当中，形成了一种特别的喀斯特文化，即为了建造居住的房屋、棺葬、满足生活之中的能源需求以及制作家具等，不惜砍伐大量的林木资源，导致森林资源等严重退化，加速了喀斯特石漠化的形成。由此看来，这种文化是对喀斯特环境的一种强反馈机制，还逐渐形成了地域性强、与喀斯特环境密切相关的农业发展模式，而且其再生产的过程里面，又会不断地改变喀斯特环境，构成了"资源—环境—人口—发展"的喀斯特农业发展系统，具有农业综合生产能力比较弱、农业结构较为单一、农业发展水平比较低、农业积累能力比较差、农业规模经营效益不好以及农业对工业化的贡献度不大等特征。

（5）耕地条件的制约。根据黔西南布依族苗族自治州国土资源局提供的资料：全州的坡耕地面积为 371 251.86 公顷，占地域面积的 22.09%，必须要进行退耕还林还草，而其余的耕地则绝大多数为石砾地和石旮旯地，质量比较差，厚度薄，肥力不佳，抵抗侵蚀的能力不强，产量比较低。为了生计，人们就不得不进行大范围的开垦，从而破坏了丘陵和山地之中的森林植被，导致水土流失。同时，加上粗放的经济社会发展模式、大量施用化肥等，更是加速了喀斯特石漠化的发生。

表 3-6   2000 年至 2016 年黔西南布依族苗族自治州的气象状况

年份	年平均气温（单位：度）	年降水量（单位：毫米）	年日照时数（单位：小时）	年相对湿度（单位:%)	平均暴雨日数（单位：日）	平均大暴雨日数（单位：日）	暴雨及以上日数（单位：日）
2000 年	16	1 336.3	1 308.5	82.4	4.1	0.13	4.3
2001 年	16.6	1 469.4	1 376.7	79.8	4.9	0.38	5.3
2002 年	17	1 198.6	1 500.4	79	3.4	0.13	3.5
2003 年	17.2	1 266.2	1 495.3	77.6	3.5	0.13	3.6
2004 年	16.4	1 121.9	1 501.1	75.9	3.9	0	3.9
2005 年	16.5	1 244.3	1 351.9	75.8	3.3	0.5	3.8
2006 年	16.8	1 248	1 479.7	76.7	2.9	0.25	3.1
2007 年	16.7	1 481.2	1 502.2	76.5	4.9	0.5	5.4
2008 年	16	1 457	1 317 5	78.6	4.5	0.38	4.9
2009 年	17	972.5	1 562.2	75.4	2.8	0.25	3
2010 年	17.1	1 270	1 584.6	76.2	3.1	0.75	3.9
2011 年	15.8	775.6	1 378.9	80.9	1.4	0.5	1.9
2012 年	16.3	1 178.1	1 208.4	81.6	3.9	0.38	4.3
2013 年	16.9	969.1	1 486.3	77	1.8	0.25	2
2014 年	16.9	1 502.8	1 484.1	80.5	5.3	1	6.4
2015 年	17.3	1 495.8	1 489.6	79.9	4.8	0.75	5.5
2016 年	17	1 260.4	1 542.1	79.6	3.4	0.25	3.6

数据来源：贵州省气象局。

表3-7　黔西南布依族苗族自治州的人口密度（单位：人/平方千米）

年份	黔西南布依族苗族自治州
2006 年	196
2007 年	190
2008 年	193
2009 年	191
2010 年	202
2011 年	204
2012 年	206
2013 年	207
2014 年	209
2015 年	209
2016 年	213

数据来源：2006—2016年黔西南布依族苗族自治州国民经济和社会发展统计公报。

3.1.2.4　黔西南布依族苗族自治州喀斯特石漠化的危害①

黔西南布依族苗族自治州喀斯特石漠化的危害，主要表现在：

（1）生物多样性减弱，生态系统退化。喀斯特石漠化既造成了黔西南布依族苗族自治州的生物多样性减弱，也使得其植被为了适应新的环境条件而不得不发生变异。这样一来，引发了森林资源的退化，植物类型的变少，生态环境脆弱。

（2）水资源的供应能力减小。在黔西南布依族苗族自治州的喀斯特石漠化地区之中，由于植被的数量比较少，基岩裸露，土壤层不厚，

①贵州师范大学.黔西南布依族苗族自治州岩溶地区石漠化综合防治规划（2011—2020）（内部资料），2011年6月.

地下、地表的二元地质结构，渗漏的问题严峻，造成了地表水源的涵养能力变低，保水的能力欠佳，溪、河的径流量下降，土地和井泉发生干旱，从而使得人类和动物用水困难。根据黔西南布依族苗族自治州水务局提供的资料：目前，在全州范围之内，还有 260 多个村寨、74.6 429 万人存在用水困难问题。

（3）涝灾、旱灾严重。喀斯特石漠化可以使得土壤的化学性状、物理性状以及水文径流情况发生改变，造成涝灾、旱灾的发生频率高，强度大，影响范围宽广。有时候，这些灾害甚至还可能会重复、交替、叠加的发生。同时，这还会加剧水土流失的发展，导致泥沙淤积、水利工程的寿命减少、影响农业发展等。以涝灾为例，见表 3-8：在 2015 年，由于全州的降雨比较频繁，从而导致了涝灾的发生，损失较为严重。以旱灾为例，在一年以内，全州会发生夏旱、冬春旱、春旱、冬旱以及秋旱等灾害，并且以春旱最为严重。在 2000 年以后，由于人类活动的过度影响和气候的异常变化，导致生态环境的变化很大，干旱的发生和发展呈现出了持续性、连季性、频率高的特点，尤其是在 2001 年至 2012 年。其中，又以 2009 年 7 月到 2010 年 4 月的最为突出，连续干旱的时间长达 269 天，导致全州范围以内 264.69 万人、1 066 个村庄以及 132 个街道办事处和乡镇受灾，直接经济损失（包括农业方面的直接经济损失 6.86 亿元）高达 26 亿元以上。同时，再见表 3-9：州内各市县基本上都是特旱区域与重旱区域，并且受灾的面积较为宽广，从而造成全州极有可能会发展成为特旱高发区域与重旱高发区域。[①]

（4）水土流失严重。黔西南布依族苗族自治州的地形破碎、山高坡陡、土壤层薄、抵抗侵蚀的水平不高、切割严重，而且喀斯特石漠化峡谷的数量多、基础设施建设的进程较为滞后，使得水土流失容易发

---

①曾贵，马钟宏，苟玲玲，等．黔西南州旱灾特性及减灾对策［J］．中国水利，2013（8）：31-33.

生。见表 3-10：全州的水土流失严重。并且，在其喀斯特地区当中漏斗被堵的情况之下，就会形成喀斯特洼地。当雨季来临的时候，夏季作物会长时间被水淹没，影响到了其正常的种植。

（5）威胁到了长江流域、珠江流域中下游区域的生态环境安全。黔西南布依族苗族自治州位于珠江流域上游的分水岭区域，由于喀斯特石漠化问题严重，导致岩石裸露、涵养水源的水平不高、植被的数量降低、调控旱灾和涝灾的水平不佳，水土流失严重。当大量的泥沙流入珠江流域的时候，就会在其下游区域处淤积，引发河道变得狭窄、淤浅，水库的容积和面积逐步减小，泄洪和蓄水的水平减弱，给长江流域、珠江流域中下游区域带来了极大的生态环境安全隐患。

表 3-8　2015 年黔西南布依族苗族自治州的涝灾损失情况

受灾乡镇（单位：个）	81
受灾人口（单位：人）	9.82 万
倒塌房屋（单位：间）	409
因灾转移（单位：人）	0.4948 万
农作物受灾面积（单位：亩）	16.1 万
农作物成灾面积（单位：亩）	4.15 万
其中：　　　　粮食作物（单位：亩）	3.5 万
农作物绝收（单位：亩）	1.5 万
因灾减产粮食（单位：吨）	0.34 万
经济作物损失（单位：元）	960 万
死亡大牲畜（单位：头）	96
停产的工矿企业（单位：个）	1
铁路中断（单位：条次）	5
公路中断（单位：条）	121

续　表

供电中断（单位：条次）	17
通讯中断（单位：条次）	5
损坏水库（单位：座）	1
损坏提防（单位：千米）	5.15（37处）
损坏灌溉设施（单位：处）	107
损坏机电泵站（单位：座）	2
直接经济总损失（单位：元）	13 708.48 万
其中：　农林渔业直接经济损失（单位：元）	4 245.15 万
工业交通运输业直接经济损失（单位：元）	3 780 万
水利设施直接经济损失（单位：元）	1 198.61 万

数据来源：黔西南布依族苗族自治州水务局.

表3-9　黔西南布依族苗族自治州的旱灾状况评估结果

指标内容	州、市、县	因干旱用水困难的人数占总人数的比例（单位:%）	综合干旱等级	干旱等级	十旱指数	干旱等级
2009 年 7 月到 2010 年 4 月	全州	42.02	特旱	特旱	2.99	特旱
	兴义市	52.62	特旱	特旱	2.65	特旱
	晴隆县	29.55	特旱	中旱	3.72	特旱
	普安县	35.21	特旱	重旱	2.66	特旱
	安龙县	39.58	特旱	重旱	3.11	特旱
	贞丰县	42.01	特旱	特旱	3.45	特旱
	兴仁市	55.22	特旱	特旱	3.12	特旱
	册亨县	42.03	特旱	特旱	2.43	特旱
	望谟县	48.94	特旱	特旱	2.92	特旱

数据来源：曾贵，马钟宏，苟玲玲，等. 黔西南州旱灾特性及减灾对策［J］. 中国水利，2013（8）：31-33.

表 3-10   2015 年黔西南布依族苗族自治州水土流失的情况（单位：平方千米、%）

水土流失的面积		水土流失的类型									
		轻度		中度		强烈		极强烈		剧烈	
面积	%	面积	%	面积	%	面积	%	面积	%	面积	%
5 084.02	30.25	2 328.45	13.85	1 412.43	8.40	595.02	3.54	488.86	2.91	259.26	1.54

数据来源：黔西南布依族苗族自治州水务局。

由此可见，喀斯特石漠化治理的难度是比较大的，不仅仅需要国家财政投入大量的资金，也需要当地的相关组织和居民等积极参与进来，并且做出一定程度的牺牲。因此，需要对积极参与喀斯特石漠化治理的相关地区、组织和群众等给予生态补偿，以促进经济社会实现可持续发展。

3.2   生态补偿支持喀斯特石漠化治理的典型案例分析

生态补偿是我国南方喀斯特石漠化地区生态文明建设当中的一项重要举措，这主要是基于以下原因：

（1）传统农业发展模式的效益比较小，而且还造成了喀斯特石漠化与严重的土壤侵蚀。传统农业发展模式主要是在坡耕地上面进行的，而让农户改变坡耕地的种植模式机会成本非常低，因此，应该停止对坡耕地的耕作，以提高自然恢复过程之中的固碳量和生态效益。[1]

（2）在传统农业发展较为落后的背景之下，为了促进该地区的经济社会发展，就迫切需要发展其他的产业作为支撑，而这也需要大量的

---

①李世杰，吕文强，周传艳，等.西南喀斯特山区生态补偿机制初探——以贵州北盘江板贵乡为例［J］.中南林业科技大学学报，2016（7）：89-96.

资金。①

由此观之，建立生态补偿的主要目标不仅在于保证各地区能够获得更多的发展机会和资金、更加公平的发展权与生存权、更好的生态环境，而且这也是中央政府层面协调各区域之间经济社会实现可持续发展、均衡发展、减小贫困的一项重要制度性安排。② 所以，生态补偿支持喀斯特石漠化治理的研究亟待提出。

贵州省是一个代表性很强的生态环境脆弱型地区，并且生态恢复的难度比较高。在 8 个重点生态功能亚区里面，属于"黔滇桂喀斯特石漠化防治生态功能区"的就多达 7 个，防治喀斯特石漠化的难度比较高。因而，从 2012 年开始，《国发（2012）2 号文件》、党的十八大、党的十八届三中全会以及党的十九大等，分别从不同的角度为贵州省的同步全面小康与生态文明建设指明了前进的方向、提出了新的要求。从此以后，珠江流域和长江流域上游区域之中的喀斯特石漠化治理生态补偿研究，就逐渐发展了起来。目前，喀斯特石漠化治理的生态补偿主要包含在国家重点生态功能区财政转移支付资金里面。

贵州省重点生态功能区财政转移支付资金的发展历程，大体上可以划分为如下的阶段：

（1）从 2008 年开始至 2009 年为止：在国家财政刚开始推行重点生态功能区转移支付资金的时候，全省 9 个国家级重点生态功能区都可以得到这类资金支持，但是，省级的重点生态功能区等却没有办法享受到。③

① 李世杰，吕文强，周传艳，等. 西南喀斯特山区生态补偿机制初探——以贵州北盘江板贵乡为例 [J]. 中南林业科技大学学报，2016（7）：89-96.
② 肖强，李勇志. 民族地区生态补偿的标准研究——以水资源为例 [J]. 贵州民族研究，2013（1）：23-26.
③ 孔德帅. 区域生态补偿机制研究——以贵州省为例 [D]. 北京：中国农业大学，2017.

（2）从 2010 年开始至 2011 年为止：出于财政压力大、生态环境保护的任务繁重等因素考量，禁止开发区和省级重点生态功能区当中的州市县区全部都可以获得财政转移支付资金支持。[①]

（3）从 2012 年以后：国家财政逐渐提高了对重点生态功能区转移支付的支持力度，同时，贵州省也修改和完善了财政转移支付资金的分配实施方案。至此，省内所有的州市县区都可以享受到财政转移支付资金支持。[②]

根据贵州省财政厅提供的《2015 年贵州省对国家级重点生态功能区财政转移支付资金的分配实施办法》：每年省内各州市县区所分配的资金可以被划分为增量部分与基数部分。其中，后者是指已经纳入此项计划当中的州市县区，在上一年度所得到的财政转移支付资金数量，并且以此作为基础，确保各个地区所得到的财政转移支付支持力度不会小于往年的数量。而对于前者来讲，则需要按照表 3-11 的原则进行相应的测算。由此可见，在分配增量资金的时候，政府部门考虑到了各地方的实际情况。在此，需要特别说明的是，因为贵州省的喀斯特石漠化地区都包含在了 9 个国家级重点生态功能区当中，所以，为了有效治理喀斯特石漠化，在计算国家级重点生态功能区增量资金的时候，就新建立了一个指标——"综合石漠化度"。

---

①孔德帅. 区域生态补偿机制研究——以贵州省为例 [D]. 北京：中国农业大学，2017.
②孔德帅. 区域生态补偿机制研究——以贵州省为例 [D]. 北京：中国农业大学，2017.

表 3-11　贵州省财政转移支付资金增量部分的计算原则

国家级重点生态功能区的增量	比例（单位:%）	备注
森林资源覆盖率	20%	反映生态环境的状况
国土面积	20%	反映财政需求与直接成本
总人口数	40%	
喀斯特石漠化	20%	省内 9 个国家级重点生态功能区都属于喀斯特石漠化地区
省级财政引导资金支持的地区（包括重度石漠化地区）		
森林资源覆盖率	40%	同上
国土面积	30%	同上
总人口数	30%	同上

　　需要特别说明的是：喀斯特石漠化要根据各地方的综合石漠化度进行测算：综合石漠化度＝轻度石漠化面积×10%＋中度石漠化面积×20%＋强度石漠化面积×30%＋极强度石漠化面积×40%。

　　根据贵州省财政厅提供的资料：贵州省内率先得到国家级重点生态功能区财政转移支付资金支持的是 9 个国家级重点生态功能区。其中，获得财政转移支付资金数量超过 8000 万元的地区主要有赫章县、罗甸县、紫云苗族布依族自治县、望谟县、威宁彝族回族苗族自治县以及平塘县。然而，册亨县、镇宁布依族苗族自治县以及关岭布依族苗族自治县等国家级重点生态功能区，却比普定县、水城县等非国家级重点生态功能区所获得的财政转移支付资金数量少。从整体上看，省内的东部地区比西部地区所获得的财政转移支付资金数量少，而其 12 个省级重点生态功能区就主要分布在东部区域，只有三都水族自治县、荔波县、印江县、石阡县以及沿河土家族自治县，获得了超过 4000 万元的财政转移支付资金，但是，仍然显著低于我国西部地区当中的其他一些非重点生态功能地区。贵州省内的西部地区和东部地区在"国土面积"层面的整体区别不大，而从"森林资源覆盖率"层面来说，省内的西部地区就明显不如黔东南地区。导致这些现象的主要原因就在于人口数量的分布不平衡。在贵州省东部的 12 个省级重点生态功能区里面，人口数量多于 40 万人的只有沿河土家族自治县。相反，毕节市所辖地区人口的数量，基本上都多于 50 万人。

综上所述，虽然生态补偿对贵州省的喀斯特石漠化治理起到了一定的作用，但是还存在着一些不足之处，主要表现在：

（1）在进行资金分配的时候，政府部门更多的是关注总人口数、国土面积等指标，而对于综合石漠化度、森林资源覆盖率等指标的重视程度则比较低。所以，导致了率先享受到此类财政转移支付政策的局部国家级生态功能区，能够获得比较多的资金支持，而其他的省级重点生态功能区则与之相反。同时，当前的财政转移支付资金分配方式更多的是取决于民生因素，而不是生态环境效益。①

（2）喀斯特石漠化治理是一项系统性、长期性、社会性、综合性、公益性以及复杂性的生态环境保护工程，其生态补偿不仅仅会涉及林业，而且还会涉及草业、农业、当地居民的发展机会成本损失等内容。然而，政府部门却没有对后面几个因素给予更多的重视。

（3）目前，生态补偿支持喀斯特石漠化治理的资金来源渠道主要是国家财政资金，还没有形成多元化的资金来源渠道。并且，主要是以纵向生态补偿模式占主导，而横向生态补偿模式、政府与市场有效融合的生态补偿模式的参与度则相对不足。

3.3　本章小结

本章对贵州省及其黔西南布依族苗族自治州喀斯特石漠化的现状、

---

①孔德帅．区域生态补偿机制研究——以贵州省为例［D］．北京：中国农业大学，2017.

分布特点、形成原因和条件以及危害等内容进行了分析，并且还说明了本论文为什么会选择黔西南布依族苗族自治州作为深度研究区域的主要原因。同时，也对生态补偿支持喀斯特石漠化治理的典型地区——贵州省进行了相应的分析，而且还指出了其目前存在的不足之处，以便为本论文接下来的研究提供借鉴。

第四章 喀斯特石漠化治理生态补偿的指标体系构建和标准测算研究

目前，我国生态补偿资金的主要来源渠道包含：①中央政府层面对生态环境保护区之中的地方政府的财政转移支付；②省级政府层面对所管理的生态环境保护区当中的地方政府的财政转移支付；③生态环境保护受益地区之中的地方政府对生态环境保护贡献地区里面的地方政府的财政转移支付；④在全社会的范围里面，所发生的生态系统服务支付、购买以及提供等行为，并且这是以市场经济的基本原则作为"基石"的；⑤一些地方政府专门针对生态补偿而设立的专项资金。① 在这当中，对于我国的少数民族地区而言，自身的财政实力有限，所以，绝大部分的生态补偿资金都来源于国家层面的财政转移支付支持。② 这样一来，从理论上讲，有利于合理、科学的划分地方各级政府的事权和财权，而且还能够表现出非市场性里面，所含有的社会分配关系等。③ 因此，在研究喀斯特石漠化治理生态补偿指标体系构建和标准测算方法的时候，就有必要首先分析一下喀斯特石漠化治理的财政支持成效。

---

① 潘佳. 政府在我国生态补偿主体关系中的角色及职能 [J]. 西南政法大学学报, 2016 (4):
   68-78.
② 潘军. 民族自治地方政府的环境保护责任探析 [J]. 学术探索, 2014 (3): 40-44.
③ 潘佳. 政府在我国生态补偿主体关系中的角色及职能 [J]. 西南政法大学学报, 2016 (4):
   68-78.

4.1 喀斯特石漠化治理的财政支持成效分析

喀斯特石漠化治理是一项系统性、长期性、社会性、综合性、复杂性以及公益性的生态环境保护工程，不仅仅要达到生态环境好转的目标，而且也要实现经济社会可持续发展。据悉，一直以来，国家层面的财政转移支付对喀斯特石漠化治理的支持力度都非常大。

4.1.1 模型的刻画

根据国家发展和改革委员会编写的《岩溶地区喀斯特石漠化综合治理规划》：喀斯特石漠化治理主要采取的是，农业发展治理措施、林业发展治理措施以及水利建设治理措施。而对于喀斯特石漠化治理财政支持的成效评估来讲，本论著主要关注其经济发展层面，具体选择：农村居民人均可支配收入、人均GDP 以及城镇居民人均可支配收入作为评估指标。因此，按照如图 4-1 所示，构建喀斯特石漠化治理的财政支持成效评估模型。首先，喀斯特石漠化治理牵涉的指标很多，所以，本论文使用主成分分析法将原来的数据划分为农业发展治理措施、林业发展治理措施、水利建设治理措施以及喀斯特石漠化的状况指数。其次，使用降维的方式，测算出上述评估指标的指数。再次，为了深入研究各地区的内部同质性及其相互之间的异质性特点，通过所收集到的纵向数据，构建起喀斯特石漠化治理财政支持成效评估的混合效应模型。最后，认真分析通过R 软件及其PLM 函数包等测算出来的实际结果，从而提出相应的政策建议。

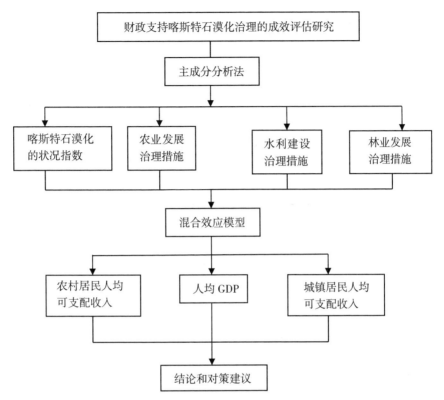

图 4-1 构建喀斯特石漠化治理的财政支持成效评估模型结构示意图

资料来源：作者绘制。

按照上述的研究思路，可以构建如下的喀斯特石漠化治理财政支持成效评估模型：

$$R = f(\text{Rocky}，\text{Fore}，\text{Agro}，\text{Water}) + \varepsilon \qquad (1)$$

式中，R 分别代表的是：城镇居民人均可支配收入的增长率、人均GDP的增长率或者是农村居民人均可支配收入的增长率，单位:%；Rocky、Fore、Agro 以及 Water 则各自代表的是：喀斯特石漠化的状况指数、林业发展治理指数、农业发展治理指数以及水利建设治理指数，单位：详见表4-1；而 ε 则代表的是随机影响因子。在此，需要特别说明的是，喀斯特石漠化治理属于生态文明建设之中的一项重要内容，所以，倘若使用绿色GDP评估喀斯特石漠化治理财政支持的成效，效果可能会变得更好。但是，因为国内和国外的学术界，对于绿色GDP的研究存在如下的不足之处：①还没有发现能够解决货币化核算之中所存在弊端的方法；②研究产出和研究投入的方法比较繁杂；③给予宏观层面的重视程度比较少；④已经发表的研究成果绝大部分仅仅关注的是生态环境的破坏和资源的损耗，而对于GDP的产出则关注度比较低；⑤在已经公布的研究成果当中，绝大部分使用的都是只可以代表输出性质的瞬时数据，从而借鉴的意义比较小，并且预测的水平明显欠缺。由此观之，迄今为止，学术界还没有形成一套比较统一、相对成熟的计算绿色GDP的方式和方法，以供后来的研究人员参考。① 所以，本论文就放弃对该项指标的使用。

4.1.2　指标体系的构建

根据上述的内容，本论文设计了喀斯特石漠化治理财政支持成效评估的指标体系，见表4-1。在此，需要特别说明的是：在研究生态文明建设助推经济发展层面，已经发表出来的文章主要是侧重于经济发展的效率、经济发展的动力以及经济发展的结构等视角。② 但是，本论文在此的重点之处则在于分析经济发展和提升生活水平。因而，选择农村居民人均可支配收入的增长率、城镇居民人均可支配收入的增长率或者是人均GDP的增长率作为响应变量，以代表经济发展变化的大致情况。

除此以外，关于表4-1当中，喀斯特石漠化治理指标的说明则如

---

①欧阳康，刘启航，赵泽林．关于绿色GDP的多维探讨——以绩效评估推进我国绿色GDP研究 [J]．江汉论坛，2017（5）：134-138.
②成金华，陈军，李悦．中国生态文明发展水平测度与分析 [J]．数量经济技术经济研究，2013（7）：36-50.

下所示:①②

对于林业发展治理措施来讲:

(1)封山育林。其基本方式为封禁,并且还需要充分遵守、利用大自然的一系列基本规律与植被的自然恢复功能,以保护好生态环境,治理喀斯特石漠化。其特点为投资的数额不大、成效较为明显。

(2)防护林、经济林和用材林。喀斯特石漠化治理既要实现生态环境好转,又要促进经济社会实现可持续发展,而林业特别是其中的防护林、经济林和用材林又是喀斯特石漠化治理之中的主导力量,有利于促进植被的顺向演替,实现生态环境好转,高效治理喀斯特石漠化。其具有快速、直接以及有效的特征。同时,防护林、经济林和用材林还具有提升经济效益、转变经济社会发展方式的功效,能够加速喀斯特石漠化地区的脱贫攻坚进程。

(3)人工种草。草是我国喀斯特石漠化地区当中,最具有顽强生命力的生物,在土地植被逆向演替和顺向演替的过程之中,具有重要作用。同时,还是农业、林业、畜牧业之间的主要"关联点",有利于促进低质量草地的发展,提升草食畜牧业的发展水平,增加当地居民的收入,进而实现经济社会可持续发展,高效治理喀斯特石漠化。

对于农业发展治理措施而言:

(1)棚圈建设。发展草食畜牧业是喀斯特石漠化综合治理的"三大"工程性措施之一,③ 同时,未来草食畜牧业实现深入发展的一个重要条件就是改变畜禽散养、人畜杂居等不利条件。因此,棚圈建设不仅仅有利

---

① 云南省发展和改革委员会等 . 云南省岩溶地区石漠化综合治理工程"十三五"建设规划(内部资料),2017 年 4 月.

② 云南省发展和改革委员会等 . 云南省岩溶地区石漠化综合治理规划(2006—2015 年)(内部资料),2008 年 6 月.

③ 熊康宁,郭文,陆娜娜,等 . 石漠化地区饲用植物资源概况及其开发应用分析 [J]. 广西植物,2019(1):71-78.

于完善畜群结构，改变人畜杂居与畜禽散养等不利条件，增加出栏率，还可以降低天然草地的放牧压力，促进经济社会实现可持续发展。

（2）饲草机械。为了降低饲养的成本，增加饲料的来源渠道，提升当地居民的收入水平，增加农作物和草地的产量，实现农业生态环境的良性循环发展，有必要引入饲草机械，以切实提高喀斯特石漠化治理和经济社会发展的水平。

（3）青贮窖。发展草食畜牧业，需要饲料的支持。而在所有的饲料当中，因为青饲料的适应性强、营养丰富、家畜容易消化和吸收、价格低廉以及来源渠道广泛等，所以，其对于草食畜牧业的发展非常重要。然而，青饲料最容易受到季节性变化的干扰，需要使用青贮窖进行有效保存。

对于水利建设治理措施来说：

（1）坡改梯。我们知道，喀斯特石漠化地区的水土流失严重，并且水土流失对农业的负面影响大，而农业又是国民经济顺利发展的基础。因此，坡改梯可以降低水土流失的程度，进一步健全和完善农业的生产条件。

（2）田间生产道路、机耕道。喀斯特石漠化地区需要发展生产，因而，修建田间生产道路和机耕道可以为其日常生活之中的各类经营活动、生产活动等，提供很大的便利。

（3）蓄水池、引水渠。喀斯特石漠化地区的工程性缺水严重，给经济社会发展带来了很大的阻碍。因此，修建蓄水池与引水渠就可以比较好地解决这一问题。

（4）排涝渠。由前所述，喀斯特石漠化地区的生态环境脆弱，一旦发生旱涝灾害，后果将会非常严重。因而，修建排涝渠就能够比较好地预防与治理这一问题。

（5）沉沙池。我们知道，喀斯特石漠化地区的水土资源利用效率低，而水土资源的低效率利用又会导致喀斯特石漠化发生。所以，修建沉沙池既能够实现水土资源的高效、合理利用，又可以有效治理喀斯特石漠化。

表4-1 评估财政支持喀斯特石漠化治理成效的指标体系及其相关说明

研究的内容	基础类指标	单位	指标的性质	相关的说明
喀斯特石漠化的状况	喀斯特石漠化的划定区域范围	公顷	−	
	喀斯特面积	公顷	−	
	喀斯特石漠化面积	公顷	−	
	治理喀斯特面积的完成数	公顷	+	
	治理喀斯特石漠化面积的完成数	公顷	+	
林业发展治理措施	封山育林的完成数	公顷	+	恢复生态环境、恢复植被、重建退化的土地
	经济林的完成数	公顷	+	生态环境的重建和恢复，提高经济效益、生态环境效益
	防护林的完成数	公顷	+	生态环境的恢复和重建，增加生态环境效益、经济效益
	用材林的完成数	公顷	+	生态环境的重建和恢复，提高经济效益、生态环境效益
	人工种草的完成数	公顷	+	促进退化的低劣草地成为高产、优质类草地
	封山育林的投资完成数	万元	+	
	经济林的投资完成数	万元	+	
	防护林的投资完成数	万元	+	
	用材林的投资完成数	万元	+	
	人工种草的投资完成数	万元	+	

续　表

研究的内容	基础类指标	单位	指标的性质	相关的说明
农业发展治理措施	棚圈建设的完成数	公顷	+	促进畜牧业的生产方式发生转变，并且拉动其经济效益，减少对天然草地的放牧压力
	饲草机械的完成数	台	+	降低饲养的成本，增加饲料的来源渠道，提升收入水平；增加农作物和草地的产量，实现农业生态环境的良性循环发展
	青贮窖的完成数	立方米	+	保留青饲料里面所含有的营养价值，以便为畜牧业的快速发展，供应充足的物质基础
	棚圈建设的投资完成数	万元	+	
	饲草机械的投资完成数	万元	+	
	青贮窖的投资完成数	万元	+	
水利建设治理措施	坡改梯的完成数	公顷	+	降低水土流失的程度，健全和完善农业的生产条件
	田间生产道路的完成数	千米	+	为日常生活之中的经营活动、生产活动等，提供便利
	机耕道的完成数	千米	+	满足喀斯特石漠化地区当中，居民生产和生活的需求
	引水渠的完成数	千米	+	解决动物和人类的用水困难问题
	排涝渠的完成数	千米	+	治理和预防内涝灾害
	沉沙池的完成数	口	+	实现水土资源的高效、合理利用

续　表

研究的内容	基础类指标	单位	指标的性质	相关的说明
水利建设治理措施	蓄水池的完成数	口	+	解决动物和人类的用水困难问题
	坡改梯的投资完成数	万元	+	
	田间生产道路的投资完成数	万元	+	
	机耕道的投资完成数	万元	+	
	引水渠的投资完成数	万元	+	
	排涝渠的投资完成数	万元	+	
	沉沙池的投资完成数	万元	+	
	蓄水池的投资完成数	万元	+	
经济发展水平	人均GDP	元		表示经济发展的整体状况
	城镇居民人均可支配收入	元		表示城镇居民可以任意使用的收入状况
	农村居民人均可支配收入	元		表示农村居民可以任意使用的收入状况

资料来源：作者构建。

需要特别说明的是：在指标的性质一栏之中，"+"代表的是对于治理喀斯特石漠化具有激励性或者是正向的作用，而"－"则代表的是对于治理喀斯特石漠化具有约束性或者是负向的作用。

4.1.3　评估的方法

喀斯特石漠化治理财政支持的成效评估，主要包含了经济发展、社会发展以及生态环境保护等内容，是一项社会性、综合性、系统性、复杂性、公益性以及长期性的工程。本论文所提出的指标体系具有多层次、多维度的特点，而已经公布的相关研究结果绝大多数都是使用模糊综合评价法、层次分析法以及综合指数法等。其中，对于第三种方法而言，学者们对于各项指标之间已经客观出现的相关性性质，不能够很好地把控。而前两种方法却对学者们提出了如下的要求：①基于主观比较的层面，对所挑选出来的全部指标的重要性进行分析；②赋予①当中，全部指标的权重。因此，这里面所具有的主观性是比较强的。除此之外，因子分析法与主成分分析法的共同特征是，充分利用各项指标之间所具有的相关性特点，以得出各自的权重数值。同时，实现了降维的目标。这样一来，就为由于高维数据之间所存在的高度相关性而引发的一些困境，找到了解决的办法。①

同样的道理，在评估喀斯特石漠化治理财政支持成效的时候，通过前者仅仅可以发现公因子的发展、变化趋势，但是，却没有办法明确指出各项维度的实际、具体变化情况。所以，本论文使用后者的研究思路分别对农业发展治理措施、林业发展治理措施、水利建设治理措施以及喀斯特石漠化的状况等内容，进行上述的相关研究。另外，再结合喀斯特石漠化治理财政支持当中，纵向数据所具有的特点，充分考虑各地区存在的内部同质性及其相互之间的异质性，从而构建出一个混合效应模型，以探寻喀斯特石漠化治理措施对于农村居民人均可支配收入增长率、人均GDP增长率以及城镇居民人均可支配收入增长率等层面的作用规律。

通过对喀斯特石漠化治理财政支持的成效进行评估，可以发现还存在的某些突出问题，从而为研究生态补偿支持喀斯特石漠化治理，埋下了"伏笔"。

---

①成金华，陈军，李悦. 中国生态文明发展水平测度与分析 [J]. 数量经济技术经济研究，2013 (7)：36-50.

4.2 喀斯特石漠化治理生态补偿的指标体系构建和标准测算研究

根据喀斯特石漠化治理的实际情况及生态补偿的指标体系构建和标准测算方法，可以将其划分为以下的几种类型。

4.2.1 基于主成分分析法的拓展研究

确定生态补偿的标准是构建生态补偿指标体系的重点、难点，[1] 关系到生态补偿提供者的经济承受限度和生态补偿的实施成效。[2] 在国外，生态服务付费（PES）要求："将生态环境当中的'外部正效应'进行内部化，不仅仅要让保护生态环境的贡献者能够得到科学、合理的补偿，而且也要注意预防破坏生态环境的行为。"在国内，通过对国外相关理论的借鉴和创新，提出了："在完全竞争的市场环境之中，如果该区域的生态服务功能具有价值，而且还能够在自由的市场里面进行交易，那么，就可以根据边际成本和边际收益测算其生态补偿的标准。"但是，到目前为止，学术界尚没有形成一套比较统一的、最为成熟的测算生态补偿标准的方法和指标体系。[3]

在实际研究的过程当中，环境经济学领域之中的"效益—费用"分析方法是较为受欢迎的。其核心的思想："首先，通过测算改善生态环境可能会带来的污染、收益或者是损失，来代替所谓的'生态环境价值'。其次，转变'生态环境价值'的损失部分成为因为相关的开发

---

①张乐勤，荣慧芳. 条件价值法和机会成本法在小流域生态补偿标准估算中的应用——以安徽省秋浦河为例 [J]. 水土保持通报，2012（4）：158-163.
②贾康，刘薇. 生态补偿财税制度改革与政策建议 [J]. 环境保护，2014（9）：10-13.
③金艳. 多时空尺度的生态补偿量化研究 [D]. 杭州：浙江大学，2009.

活动而引发的经济发展损失。最后，计算其生态补偿的标准。"这种方法也可以被称之为"效益替代法"，是生态系统服务价值领域之中，相关研究的基础性评价办法，可以划分为替代市场法、直接市场法以及调查评价法。在此基础之上，彭秀丽、刘凌霄、田铭（2012）通过损失补偿法的方式对矿产资源开发区的生态补偿标准进行了量化与核算，并且提出了：生态补偿费=恢复生态环境的费用+破坏生态环境的损失+当地居民的发展机会成本损失，从而既使得环境经济学之中的"效益—费用"分析方法得到了进一步的具体化，而且还减小了计算各种生态环境价值损失的难度。由此看来，这样提出来的政策建议，可操作性就会比较强。[①]

　　参考上述学者的研究成果，本论著拓展性地提出了喀斯特石漠化治理生态补偿的指标体系，及其标准测算：林地、耕地、草地喀斯特石漠化的生态环境破坏损失+喀斯特石漠化的生态环境恢复费用+喀斯特石漠化地区居民的发展机会成本损失。在此，需要特别说明的是，本论著与彭秀丽、刘凌霄、田铭（2012）的不同之处主要在于：①选取林地、耕地、草地作为喀斯特石漠化生态环境破坏直接损失、间接损失的研究对象；②选取国家发展和改革委员会下达的岩溶（喀斯特）治理资金作为喀斯特石漠化的生态环境恢复费用；③喀斯特石漠化地区居民发展机会成本的损失主要是考虑农村地区的居民；④喀斯特石漠化治理生态补偿的标准划分为国家标准和省级标准。构建上述模型的结构示意图如图4-2所示。

---

①彭秀丽，刘凌霄，田铭.基于综合损失补偿法的矿产开发生态补偿标准研究——以湘西州花垣县锰矿为例 [J].中央财经大学学报，2012（12）：59-64.

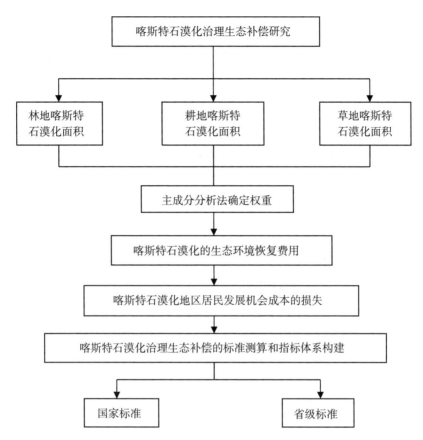

图 4-2　构建喀斯特石漠化治理生态补偿模型的结构示意图

资料来源：作者绘制。

通常而言，在实践过程当中，湿地的生态补偿、森林的生态补偿、矿产资源开发的生态补偿以及草原的生态补偿等，都可以划归为一般意义层面上的生态补偿。[①] 同时，如前所述，喀斯特石漠化治理的生态补偿是以森林生态补偿作为主导的。并且，在导致喀斯特石漠化形成的众多因素里面，人为因素所发挥的作用也越来越大，这就与矿产资源开发的生态补偿研究存在一定程度上的趋同性。因此，可以考虑借鉴矿产资

①孔德帅. 区域生态补偿机制研究——以贵州省为例 [D]. 北京：中国农业大学，2017.

源开发生态补偿的研究思路，去分析喀斯特石漠化治理生态补偿的相关内容。

目前，学术界对于矿产资源开发的生态补偿研究，主要使用的是损失补偿法。其核心的内容是，在测算治理和恢复矿产资源开发区生态环境保证金的时候，将开发矿产资源所破坏的各类生态环境因子的价值损失都看成是参考根据，如（2）式所示：

$$F_\alpha = C_\alpha + \pi \sum_{i=1}^{n} k_i (u_i + v_i) \tag{2}$$

式中，F_α 表示的是开发 α 种矿产资源所能够得到的最大生态补偿费，单位：元；n 表示的是生态环境损失的种类数量；i 表示的是矿产资源的种类；（$u_i + v_i$）表示的是各种类型生态环境因子的价值损失，单位：元；u_i 表示的是第 i 类生态环境因子的间接价值损失，单位：元；v_i 表示的是第 i 类生态环境因子的直接价值损失，单位：元；k_i 表示的是第 i 类生态环境因子的破坏水平权重，单位：%；α 表示的是修正系数，其取决于矿产资源的种类、区位、开发方式等因素；C_α 表示的是当地居民发展机会成本的损失，单位：元。一般来讲，生态补偿主要针对的是价值损失部分，是生态环境保护的受益者或者是开发者对生态环境保护的贡献者所进行的补偿。同时，还需要对破坏生态环境的行为进行严厉惩处。由此观之，公式（2）既考虑到了由于相关的开发活动而造成的对草地、耕地以及森林等直接价值损失，又考虑到了由此而引发的一系列间接价值损失，还考虑到了为恢复生态环境而需要投入的人力、物力以及财力等。总体上讲，是较为全面的。然而，"美中不足"的就是没有考虑到生态环境的恢复费用。①

在此基础之上，本论文拓展性地提出了喀斯特石漠化治理的生态补

①彭秀丽，刘凌霄，田铭. 基于综合损失补偿法的矿产开发生态补偿标准研究——以湘西州花垣县锰矿为例 [J]. 中央财经大学学报，2012（12）：59-64.

偿费计算公式：

$$F = C_\alpha + \sum_{i=1}^{n} w_i + \pi \sum_{i=1}^{n} k_i(u_i + v_i) \qquad (3)$$

式中，F 表示的是喀斯特石漠化治理的生态补偿费，单位：元；C_α 表示的是喀斯特石漠化地区居民发展的机会成本损失，单位：元；i 表示的是喀斯特石漠化土地的类型，主要包括林地、耕地、草地；$(u_i + v_i)$ 表示的是喀斯特石漠化地区之中，各类生态环境因子的价值损失，单位：元；u_i 表示的是喀斯特石漠化地区当中，第 i 类生态环境因子的间接价值损失，单位：元；v_i 表示的是喀斯特石漠化地区当中，第 i 类生态环境因子的直接价值损失，单位：元；w_i 表示的是喀斯特石漠化的生态环境恢复价值，单位：元；k_i 表示的是喀斯特石漠化地区之中，生态环境因子破坏程度的权重，单位:%；α 表示的是修正系数，其取决于喀斯特石漠化的类型、程度、治理方式、所在区域等因素；n 表示的是喀斯特石漠化土地损失的种类数量。同时，喀斯特石漠化治理生态环境因子的直接价值损失 v_i = 单位面积的产值×喀斯特石漠化治理所征用的生态环境因子的面积，单位：元；喀斯特石漠化治理生态环境因子的间接价值损失 u_i = 单位面积生态功能的服务价值×喀斯特石漠化治理所征用的生态环境因子的面积，单位：元。

喀斯特石漠化生态环境的价值损失能够划分为间接损失、直接损失。后者能够使用市场价格直接测算。根据其自然资源之中相关指标的种类，研究正环境作用能够产生的经济效益，再以喀斯特石漠化治理工程实施之后，影响生态环境的预测情况，同生态环境的现状进行对比、测算。最后，以生态环境损失的货币型与实物型，进行量化分析。而前者则是因为生态环境当中，自然资源的功能受到了伤害，从而对其他系统里面的消费与生产，产生了经济损失。通常而言，间接损失并没有现成的市场价格可以参考，需要通过探寻其影子价格、机会成本或者是影子工程费用等渠道间接地测算。除此以外，还能够通过各种类型的生态环境服务价值，对间接损失进行计算。[1]

为了进一步提升喀斯特石漠化治理生态补偿研究的准确性，还需要对喀斯特石漠化地区当中，林地、草地以及耕地等评价指标，赋予相应的权重。在赋予这一些权重的时候，应该充分考虑到喀斯特石漠化治理对于生态环境保护、经济社会发展的实际影响，并且参考相关的研究成果。

本论文对于喀斯特石漠化地区居民发展机会成本损失的研究，主要侧重的是农村地区居民。这是因为在实际的工作之中，喀斯特石漠化治理工程主要是在农村地区实施的。在这过程里面，农村地区的居民肯定会为了喀斯特石漠化治理、保护生态环境等，而牺牲许多的发展机会。所以，为了实现经济社会的可持续发展，促进代际公平，就非常有必要对其这部分损失进行生态补偿。

如前所述，生态补偿支持喀斯特石漠化治理涉及的指标比较多，为了系统、准确、全面的开展研究，所以，有必要利用主成分分析法进行降维，以简化研究的问题，发现更多有价值的信息，从而得出科学、合理的结论。

4.2.2 新的生态价值当量因子法研究

生态系统服务是指通过生态环境系统当中的功能、过程和结构，间接或者是直接获取支持生命的服务与产品。同时，有关其价值的评价可以为生态功能区规划、生态环境保护、生态补偿决策以及生态环境经济核算等内容，提供重要的参考依据。到目前为止，全世界的学术界还没

---

[1]彭秀丽，刘凌霄，田铭. 基于综合损失补偿法的矿产开发生态补偿标准研究——以湘西州花垣县锰矿为例 [J]. 中央财经大学学报，2012（12）：59-64.

有形成一套比较成熟的评价生态系统服务价值的方法。在开展这方面研究的时候，往往采取的是一系列替代方法。然而，不同的学者对于参数的给定不同，因此，所得到的结论通常就具有比较大的差别。[①] 在此，需要特别说明的是，Costanza（1997）[②] 提出的评价生态系统服务价值的方法，具有"里程碑"式的意义。但是，这对于中国来讲，却存在着"水土不服"的现象，主要表现在：①过低估计了耕地生态服务价值之中的单价；②此类生态系统服务价值体系主要适用于欧美发达国家，而对于像我国之类的发展中国家而言，生态系统服务价值则被过高的估计了；③生态系统服务里面的支持服务价值、调节服务价值等都具有间接性的特征，直接使用货币很难进行衡量；④因为没有办法获得充足的信息，所以，导致很多项生态系统服务没有被考虑进去。因此，对于我国来说，在还没有找到更为成熟、更为科学和合理的研究方法之前，可以先在借鉴Costanza方法的基础之上，进行有针对性的细化、充实和修改，以符合实际的情况。[③]

目前，学术界对于生态系统服务价值的核算方法主要可以划分为基于单位面积价值当量因子的方法、基于单位服务功能价格的方法两种。其中，后者是指通过使用生态系统服务当中的功能量及其单位价格，求取其总价值。这种方法的优势之处主要在于：通过设置部分生态环境变量和单一服务功能之间的生产方程，进而模拟小区域范围之内，生态系统服务的功能等。而其不足之处则主要是需要输入比较多的参数，并且测算的步骤也较为繁杂，最为关键的是每一种服务价值的参数标准和评

①谢高地，张彩霞，张雷明，等. 基于单位面积价值当量因子的生态系统服务价值化方法改进 [J]. 自然资源学报，2015（8）：1243-1254.

②Costanza R，d'Arge R，De Groot R，et al. The value of the world's ecosystem services and nature [J]. Nature，1997，387（6630）：253-260.

③谢高地，甄霖，鲁春霞，等. 一个基于专家知识的生态系统服务价值化方法 [J]. 自然资源学报，2008（5）：911-919.

估方式很难被整合等。前者是指首先对生态系统服务功能的类型进行区分，然后，再根据可以量化的标准，对其构建价值当量。最后，还需要使用生态系统分布范围的面积，进行相关的计算。这种方法的好处主要是比较直观、方便计算、需要的数据量比较少。对于全世界与区域层面的生态系统服务价值评价等来说，特别的适合。[①]

由此观之，可以借鉴当量因子法的研究思路，去分析喀斯特石漠化治理的生态补偿问题，具体的步骤是：首先，构建一张生态系统的生态价值当量因子表，这是开展生态系统服务价值评价、生态补偿问题等研究的前提条件。为此，可以借鉴谢高地等在Costanza等研究成果的基础之上，所提出来的不同生态系统的生态价值当量因子表（见表4-2）。[②]在此，需要特别说明的是：本书的研究重点在于喀斯特石漠化治理，所以，仅仅列出与喀斯特石漠化治理有关的因子：森林、草地、耕地。同时，由于农田是包含在耕地之中的，而且还是耕地里面的精髓部分，所以，为了便于后续的研究，本书就使用农田的生态价值当量，来代替耕地的生态价值当量。其次，计算出生态系统服务价值当量因子的价值量。标准当量又可以被称之为"1个标准单位生态系统生态服务价值的当量因子"，是指一个国家每一年在平均产量为1公顷的农田上面，通过自然粮食产量能够创造的经济价值。同时，参考标准当量，再加上生态补偿研究领域之中，一些知名专家提供的专业知识，就能够测算出其他生态系统服务里面的当量因子价值，以量化与表示各种类型的生态系统可以为其生态服务功能，提供多少潜在的支持作用。在实际计算农田生态系统自然环境条件之下，所生产的粮食产量的经济价值的时候，尤

---

①谢高地，张彩霞，张雷明，等．基于单位面积价值当量因子的生态系统服务价值化方法改进[J]．自然资源学报，2015（8）：1243-1254.

②刘春腊，刘卫东，徐美．基于生态价值当量的中国省域生态补偿额度研究[J]．资源科学，2014（1）：148-155.

其是对于区域层面来说，想要去掉所有人为因素造成的负面影响，以获取准确的研究结果是十分困难的。[①] 因此，谢高地等（2003）提出：1个标准当量因子的生态系统服务价值量可以使用单位面积农田生态系统之中粮食生产的净利润来代替。其价值量主要是通过小麦、稻谷以及玉米计算的，公式如下：

$$D = F_w \times S_w + F_r \times S_r + F_c \times S_c \tag{4}$$

式中，D 代表的是 1 个标准当量因子的生态系统服务价值量，单位：元/公顷；S_c、S_w、S_r 分别代表的是 2010 年，玉米的播种面积、小麦的播种面积、稻谷的播种面积占三者总播种面积的比例，单位:%；F_c、F_w、F_r 分别代表的是 2010 年，单位面积玉米的平均净利润、单位面积小麦的平均净利润、单位面积稻谷的平均净利润，单位：元/公顷。因而，根据《2011 年全国农产品成本收益资料汇编》《2011 年中国统计年鉴》以及公式（4）等，就可以求得 D = 3 406.5 元/公顷。[②] 除此之外，根据喀斯特石漠化治理主管部门提供的喀斯特石漠化治理之中，草地保护、森林保护、耕地保护方面的投资数量，并且计算出三者之间的比例关系，再将农田生态系统"1 个标准当量因子的生态系统服务价值量"代入其中，便可以求出喀斯特石漠化地区当中，草地、森林的 1 个标准当量因子的生态系统服务价值量。最后，结合下述的公式，求解喀斯特石漠化治理的生态补偿费。

根据喀斯特石漠化治理的实际情况，本书提出了整体型的生态补偿标准计算方法和局部型的生态补偿标准计算方法。

（1）整体型的生态补偿标准计算方法。这种方法的计算公式如下

---

①谢高地，张彩霞，张雷明，等. 基于单位面积价值当量因子的生态系统服务价值化方法改进[J]. 自然资源学报，2015（8）：1243-1254.
②谢高地，张彩霞，张雷明，等. 基于单位面积价值当量因子的生态系统服务价值化方法改进[J]. 自然资源学报，2015（8）：1243-1254.

所示：

$$F = F_{林地} + F_{耕地} + F_{草地} = \sum_{i=1}^{3} F_i \qquad (5)$$

式中，i 代表的是喀斯特石漠化土地的类型，主要包括：林地、耕地、草地；F 代表的是研究区域（局部地区）喀斯特石漠化治理的生态补偿费，单位：元；$F_1 = F_{林地}$，代表的是喀斯特石漠化治理之中，林地的生态补偿费，单位：元；$F_2 = F_{耕地}$，代表的是喀斯特石漠化治理当中，耕地的生态补偿费，单位：元；$F_3 = F_{草地}$，代表的是喀斯特石漠化治理之中，草地的生态补偿费，单位：元。而生态补偿费F 的计算方法又如公式（6）所示：

$$F_i = \frac{a_i}{b} \times b' \times R_i \times M_i \qquad (6)$$

式中，a_i 表示的是全局地区之中（如贵州省等）的林地、草地、耕地喀斯特石漠化面积，单位：公顷；b 表示的是全局地区当中（如贵州省等）的喀斯特面积，单位：公顷；b' 表示的是局部地区当中（如黔西南布依族苗族自治州等）的喀斯特面积，单位：公顷；R_i 表示的是喀斯特石漠化地区之中，林地、耕地、草地分别对应的生态价值当量因子；M_i 表示的是喀斯特石漠化地区当中，林地、耕地、草地分别对应的单位生态价值当量所产生的价值，单位：元/公顷。同时，令$P = \frac{a_i}{b}$ 表示在单位喀斯特面积之下，所导致的石漠化面积，单位：公顷。在此，需要特别说明的是在公式（6）当中，之所以会设计$P \times b'$ 的原因，主要在于：①由前所述，石漠化问题主要发生在喀斯特地区当中；②研究区域（局部地区）是属于全局地区的，而上述计算出来的P 值又是一个相对数或者说是概率，因此，在一定程度上，可以用其表示全局地区里面所包含的区域，在单位喀斯特面积之下，可能会造成的石漠化面积；③由①②可以推知$P \times b'$ 表示的就是研究区域（局部地区）发生喀斯特石漠化问题的可能性；再乘以表4-2当中的生态系统的生态价值当量因子及其价值，就能够表示在喀斯特石漠化地区之中，这些当量因子及其价值需要改变的程度。

（2）局部型的生态补偿标准计算方法。该方法的不同之处主要在于权重或者是概率P_i，其计算公式如下所示：

$$P_i = \frac{1}{n} \sum_{j=1}^{n} \frac{a_{ij}}{b_j} \tag{7}$$

其中，$i = 1$，2，3；$j = 1$，2，$\cdots$，n表示的是所需要测量数据的次数。

$$F_i = P_i \times b \times R_i \times M_i \tag{8}$$

式中，b表示的是研究年份该地区的喀斯特面积（如黔西南布依族苗族自治州等），单位：公顷；b_j表示的是研究区域在第j次所测得的喀斯特面积，单位：公顷；a_{ij}表示的是第i个属性（林地、耕地或者是草地），在第j次所测得的喀斯特石漠化面积，单位：公顷；其余的与前述的内容相同。在此，需要特别说明的是：由于客观条件等限制，主要是喀斯特石漠化治理的相关最新数据，国家层面还没有发布，本书接下来就不对这种方法进行仿真测算。构建上述模型的结构示意图，如图4-3所示。

表4-2　谢高地等提出的生态系统的生态价值当量因子表

草地	0.42
森林	1
农田	0.28

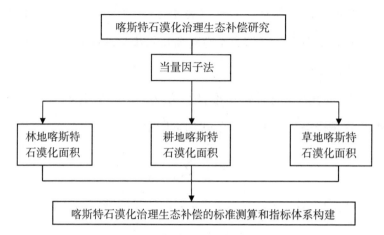

图4-3 构建喀斯特石漠化治理生态补偿模型的结构示意图

资料来源：作者绘制。

由此观之，通过当量因子法研究生态补偿支持喀斯特石漠化治理，也不失为一种好方法。

4.2.3 不同类型的喀斯特石漠化治理生态补偿标准研究

由前所述，喀斯特石漠化的类型可以划分为强度石漠化、中度石漠化、极强度石漠化以及轻度石漠化。为了提高生态补偿支持喀斯特石漠化治理的准确性、有效性等，有必要对其进行"分而治之"，即在通过上述方法计算出总的生态补偿标准以后，再按照下述的方法计算出各种类型喀斯特石漠化治理生态补偿标准所占的比例。

根据贵州省财政厅提供的《2015 年贵州省对国家级重点生态功能区财政转移支付资金的分配实施办法》：综合石漠化度＝轻度石漠化面积×10%＋中度石漠化面积×20%＋强度石漠化面积×30%＋极强度石漠化面积×40%。由此可以得到各种类型喀斯特石漠化的重要性值（权重）（表4-3）。同时，再结合各种类型喀斯特石漠化的面积等维度，对权重（重要性值）进行归一化处理，从而构建出了各种类型喀斯特石漠化治

理生态补偿标准所占比例的计算公式:

$$w_i = \frac{S_i \times r_i}{\sum_{j=1}^{4} S_j \times r_j} \tag{9}$$

式中,w_i 表示的是各种类型喀斯特石漠化治理生态补偿标准所占的比例,单位:%;S_i 表示的是在第 i 个强度之下,喀斯特石漠化的面积,单位:公顷;r_i 表示的是第 i 类喀斯特石漠化的权重(重要性值),单位:%;$i=1$,2,3,4,分别表示的是轻度石漠化、中度石漠化、强度石漠化、极强度石漠化;其余的内容与上述的相同。上述公式的具体内容如下表4-3所示:

表4-3 各种类型喀斯特石漠化的重要性值(权重)(单位:%)

轻度石漠化	10%
中度石漠化	20%
强度石漠化	30%
极强度石漠化	40%

轻度石漠化治理生态补偿标准所占的比例:

$$W_1 = \frac{S_1 \times 10\%}{S_1 \times 10\% + S_2 \times 20\% + S_3 \times 30\% + S_4 \times 40\%} \tag{10}$$

中度石漠化治理生态补偿标准所占的比例:

$$W_2 = \frac{S_2 \times 20\%}{S_1 \times 10\% + S_2 \times 20\% + S_3 \times 30\% + S_4 \times 40\%} \tag{11}$$

强度石漠化治理生态补偿标准所占的比例:

$$W_3 = \frac{S_3 \times 30\%}{S_1 \times 10\% + S_2 \times 20\% + S_3 \times 30\% + S_4 \times 40\%} \tag{12}$$

极强度石漠化治理生态补偿标准所占的比例:

$$W_4 = \frac{S_4 \times 40\%}{S_1 \times 10\% + S_2 \times 20\% + S_3 \times 30\% + S_4 \times 40\%} \qquad (13)$$

除此之外，对于公式（10）、公式（11）、公式（12）、公式（13）来说，还必须满足：$w_1 + w_2 + w_3 + w_4 = 100\%$。

这样一来，生态补偿支持喀斯特石漠化治理就更具有科学性、合理性，以实现生态环境保护、经济社会可持续发展的目标。

通过对比上述的两种方法，本书还可以发现其存在的优势与不足之处：

（1）对于拓展性使用主成分分析法测算喀斯特石漠化治理的生态补偿标准而言，虽然其计算的过程较为复杂、所需要的数据量比较大等，但是，得到的结果却比较精确，较为符合实际的情况。因为其考虑到了喀斯特石漠化地区当中，当地居民发展机会成本的损失、喀斯特石漠化生态环境的恢复费用、喀斯特石漠化生态环境破坏的直接价值损失或者是间接价值损失以及喀斯特石漠化治理生态补偿当中的省级标准和国家标准等内容，所以，这完全符合开展生态补偿的初衷——既要对生态环境的破坏行为进行严重惩罚，又要对为生态环境保护而做出贡献的人们进行相应的补偿。

（2）对于使用新的生态价值当量因子法计算喀斯特石漠化治理的生态补偿标准来讲，虽然其所需要的数据量相对较少、计算的方法也较为简单等，但是，却没有更多地考虑到喀斯特石漠化地区之中，当地居民发展机会成本的损失、喀斯特石漠化生态环境的恢复费用、喀斯特石漠化生态环境破坏的直接价值损失或者是间接价值损失以及喀斯特石漠化治理生态补偿之中的国家标准与省级标准等内容。

4.3　本章小结

　　本章提出了计算喀斯特石漠化治理生态补偿标准的方法和指标体系，同时，还提出了测算治理强度石漠化、轻度石漠化、极强度石漠化以及中度石漠化生态补偿标准的方法。这样一来，不仅仅有利于提高生态补偿支持喀斯特石漠化治理的准确度，而且也为后续该内容的仿真测算和政策建议等内容，奠定了坚实的基础。

第五章 喀斯特石漠化治理生态补偿的指标体系构建和标准仿真测算研究

——以贵州省黔西南布依族苗族自治州为例

我们知道，贵州省黔西南布依族苗族自治州的喀斯特石漠化治理是非常典型的。因此，按照上述章节所提出的模型，并且基于生态补偿的标准、财政支持的成效评估以及生态补偿指标体系的构建等视角，对其进行相关的仿真测算研究，就具有十分重要的意义。

5.1 喀斯特石漠化治理的财政支持成效分析

由前所述，生态补偿是在国家财政支持并且主导之下进行的。所以，有必要首先评估其喀斯特石漠化治理财政支持的成效。

5.1.1 当地的财政状况

见表5-1，如图5-1以及图5-2所示，黔西南布依族苗族自治州的财政支出大于财政收入，这表明：当地的财政压力比较大。同时，财政支出占 GDP 的比值都比较低，并且在 2012 年以后，还出现了整体下降的发展趋势，这说明：当地的财政政策并不是特别的宽松。①

表5-1　黔西南布依族苗族自治州财政收入和财政支出的状况

指标内容	财政收入（单位：万元）	财政支出（单位：万元）	GDP（单位：万元）	财政支出占 GDP 的比例（单位:%）
2006 年	100 096	311 705	1 404 846	22. 19
2007 年	127 547	386 423	1 651 011	23. 41
2008 年	164 314	594 127	2 014 447	24. 49
2009 年	219 116	775 286	2 320 000	33
2010 年	287 784	1 038 444	3 245 200	32
2011 年	455 218	1 375 708	3 753 200	37
2012 年	644 207	1 811 657	4 623 000	39
2013 年	813 778	2 098 586	5 589 100	37. 55
2014 年	944 954	2 369 099	6 709 600	35. 31
2015 年	1 082 305	2 713 853	8 016 500	33. 85
2016 年	1 138 206	3 038 609	9 291 400	32. 7

数据来源：贵州省财政厅、2006—2016年黔西南布依族苗族自治州国民经济和社会发展统计公报。

①西藏金融学会. 金融支持西藏经济发展实证研究 [M]. 北京：中国金融出版社，2015：39.

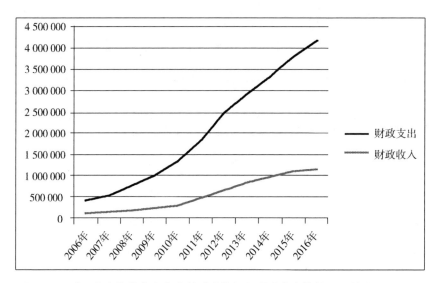

图 5-1 黔西南布依族苗族自治州财政收入和财政支出的状况（单位：万元）

数据来源：贵州省财政厅、2006—2016 年黔西南布依族苗族自治州国民经济和社会发展统计公报。

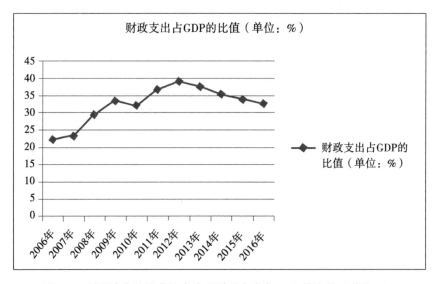

图 5-2 黔西南布依族苗族自治州财政支出占 GDP 的比值（单位:%）

数据来源：贵州省财政厅、2006—2016 年黔西南布依族苗族自治州国民经济和社会发展统计公报。

除此之外，为了高效治理喀斯特石漠化，促进经济社会实现可持续发展，中央财政从 2008 年开始，每年都会向上述所说的 8 个存在喀斯特石漠化问题的省、直辖市和自治区，拨付喀斯特石漠化治理专项资金。[1] 对于黔西南布依族苗族自治州而言，见表 5-2，如图 5-3 所示：由于自身的财政实力不强，中央财政资金就不得不成为其喀斯特石漠化治理之中的"主力军"。

表 5-2 黔西南布依族苗族自治州 2008—2016 年
喀斯特石漠化治理资金的来源情况汇总（单位:%）

资金类型	中央财政资金	省级财政配套资金	州级财政配套资金	县级自筹资金
比例	90.12%	1.24%	4.63%	4.37%

数据来源：贵州省发展和改革委员会。

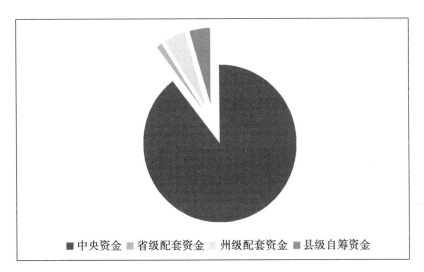

■ 中央资金 ■ 省级配套资金 □ 州级配套资金 ■ 县级自筹资金

图 5-3 黔西南布依族苗族自治州 2008—2016 年
喀斯特石漠化治理资金的来源情况汇总（单位:%）

数据来源：贵州省发展和改革委员会。

①吴协保，但新球，白建华，等．石漠化综合治理二期工程创新管理机制探讨 [J]．中南林业调查规划，2015（4）：62-66.

由此看来，黔西南布依族苗族自治州财政的压力是比较大的，因此，中央财政资金就成为其喀斯特石漠化治理的"顶梁柱"。

5.1.2 指标体系构建和仿真测算过程

通过对贵州省黔西南布依族苗族自治州喀斯特石漠化治理的财政支持进行相关仿真测算，有利于评估财政支持喀斯特石漠化治理的成效，并且查找出还存在的问题及其解决办法。

（一）来源数据分析

本部分的数据主要涉及全州及其州内各市县财政支持喀斯特石漠化治理的状况、农村居民人均可支配收入、城镇居民人均可支配收入、人均GDP等。在此，需要特别说明的是：本论文研究的时间段是从2008年国家层面开始正式拨付喀斯特石漠化治理专项资金开始，到2016年为止。

首先，财政支持喀斯特石漠化治理的状况。根据《岩溶（喀斯特）地区石漠化综合治理工程建设管理办法（试行）》，喀斯特石漠化治理的资金配给与使用情况、工程进展情况及其成效等每一年都应该对外公布。见表5-3，根据其偏度结果（大于0）可以获知很多项指标都呈现出了右偏的特征，由此表明：位于均值右边的数据比位于左边的少。另外，还有少量指标的数值很大，这点由峰度值亦可以看出。因而，峰度值越高，表明：方差增大的趋势是通过极端值引起的，州内各市县喀斯特石漠化治理的实际情况，存在显著的差异。

表5-3 财政支持黔西南布依族苗族自治州喀斯特石漠化治理研究数据的描述性分析

指标内容	样本容量	最小值	最大值	平均数	样本偏差	偏斜度	峰度
治理喀斯特面积的完成数（单位：公顷）	72	783.00	8 400.00	4 119.02	1 721.99	0.35	-0.21
治理喀斯特石漠化面积的完成数（单位：公顷）	72	420.00	5 304.00	1 658.86	925.41	1.79	4.10
完成的封山育林数（单位：公顷）	72	0.00	4 166.67	912.44	859.37	2.40	6.55
经济林的完成数（单位：公顷）	72	0.00	761.85	281.95	216.20	0.65	-0.56
防护林的完成数（单位：公顷）	72	0.00	1 216.67	205.06	290.43	1.80	2.66
用材林的完成数（单位：公顷）	72	0.00	389.10	30.69	85.68	3.13	9.30
人工种草的完成数（单位：公顷）	72	0.00	733.33	140.33	233.83	1.57	0.90
棚圈建设的完成数（单位：公顷）	72	0.00	1.54	0.26	0.35	1.93	3.22
饲草机械的完成数（单位：台）	72	0.00	327.00	21.43	51.31	4.35	21.67
青贮窖的完成数（单位：立方米）	72	0.00	6 296.00	580.54	1 173.76	2.98	9.97
坡改梯的完成数（单位：公顷）	72	0.00	132.00	14.42	26.80	2.69	7.84
田间生产道路的完成数（单位：千米）	72	0.00	21.90	1.30	2.98	5.09	32.68
机耕道的完成数（单位：千米）	72	0.00	15.00	2.76	3.66	1.41	1.42
引水渠的完成数（单位：千米）	72	0.00	316.00	7.41	37.11	8.33	70.16

续　表

指标内容	样本容量	最小值	最大值	平均数	样本偏差	偏斜度	峰度
排涝渠的完成数（单位：千米）	72	0.00	13.01	0.71	1.65	6.04	44.18
沉沙池的完成数（单位：口）	72	0.00	190.00	21.89	38.28	2.99	9.52
蓄水池的完成数（单位：口）	72	0.00	188.00	31.84	45.16	2.54	6.03
完成的投资封山育林数（单位：万元）	72	0.00	8527.00	221.34	997.32	8.37	70.59
经济林的投资完成数（单位：万元）	72	0.00	572.99	209.91	154.54	0.72	−0.42
防护林的投资完成数（单位：万元）	72	0.00	401.50	66.58	91.32	1.78	3.07
用材林的投资完成数（单位：万元）	72	0.00	136.60	12.83	33.60	2.58	5.36
人工种草的投资完成数（单位：万元）	72	0.00	166.80	28.93	45.85	1.63	1.52
棚圈建设的投资完成数（单位：万元）	72	0.00	157.73	40.91	40.96	1.02	0.36
饲草机械的投资完成数（单位：万元）	72	0.00	51.99	4.89	9.75	3.26	11.83
青贮窖的投资完成数（单位：万元）	72	0.00	62.96	5.70	11.20	3.21	12.13
坡改梯的投资完成数（单位：万元）	72	0.00	196.00	36.03	53.14	1.34	0.73
田间生产道路的投资完成数（单位：万元）	72	0.00	88.47	7.23	14.63	3.32	13.77
机耕道的投资完成数（单位：万元）	72	0.00	575.00	68.75	117.57	2.62	7.44

指标内容	样本容量	最小值	最大值	平均数	样本偏差	偏斜度	峰度
引水渠的投资 完成数（单位：万元）	72	0.00	217.90	34.03	46.12	1.70	2.99
排涝渠的投资 完成数（单位：万元）	72	0.00	236.80	36.35	58.98	1.78	2.66
沉沙池的投资 完成数（单位：万元）	72	0.00	8.88	1.44	2.14	1.95	3.41
蓄水池的投资 完成数（单位：万元）	72	0.00	163.74	33.86	32.28	1.62	3.56

数据来源：贵州省发展和改革委员会。

需要特别说明的是：根据贵州省发展和改革委员会的要求，关于财政支持喀斯特石漠化治理的具体数据需要保密，并且这方面的数据量很大。所以，本书只能够提供这些主要收集指标及其描述性统计指标。同时，表5-3之中的0表示：某年没有开展此项工作。

其次，农村居民人均可支配收入。见表5-4，从2008年到2016年，全州农村居民人均可支配收入一直都处于上升的发展态势。在这当中，变化幅度最大的是兴义市，主要是因为其是黔西南布依族苗族自治州的州府所在地，并且还拥有一批如万峰林、万峰湖等著名旅游景点，因此，受到政策、区位、旅游等因素的影响就比较大，从而导致其农村居民人均可支配收入的变化幅度最大。而变化幅度最小的则是望谟县，主要是因为其地理位置等方面，所带来的优势比较小，因此，导致国家层面相关政策对其产生的辐射作用等有限，从而造成其农村居民人均可支配收入的变化幅度最小。

表 5-4　黔西南布依族苗族自治州及其各市县农村居民人均可支配收入的状况

指标内容	年度	农村居民人均可支配收入（单位：元）	农村居民人均可支配收入的增长率（单位:%）
全州	2008 年	2 243.5	16.960 96
	2009 年	2 527.3	12.649 88
	2010 年	2 965.5	17.338 66
	2011 年	3 474.415	17.161 19
	2012 年	4 109.5	18.278 9
	2013 年	5 360	30.429 49
	2014 年	6 345	18.376 87
	2015 年	7 059	11.252 96
	2016 年	7 779	10.199 75
安龙县	2008 年	2 274.8	7.785 3
	2009 年	2 451.9	7.785 3
	2010 年	2 924.2	19.262 61
	2011 年	3 216.7	10.002 74
	2012 年	3 509.2	9.093 17
	2013 年	5 347	52.370 91
	2014 年	6 086	13.820 83
	2015 年	6 731	10.598 09
	2016 年	7 424	10.295 65

续 表

指标内容	年度	农村居民人均可支配收入（单位：元）	农村居民人均可支配收入的增长率（单位：%）
册亨县	2008 年	1 950.1	10.997 19
	2009 年	2 172.4	11.399 42
	2010 年	2 622.1	20.700 61
	2011 年	3 198.65	21.988 1
	2012 年	3 775.2	18.024 79
	2013 年	4 637	22.827 93
	2014 年	5 361	15.613 54
	2015 年	6 047	12.796 12
	2016 年	6 712	10.997 19
普安县	2008 年	2 111.1	8.199 517
	2009 年	2 284.2	8.199 517
	2010 年	2 555.2	11.864 11
	2011 年	3 145.65	23.107 78
	2012 年	3 736.1	18.770 37
	2013 年	5 003	33.909 69
	2014 年	5 729	14.511 29
	2015 年	6 439	12.393 09
	2016 年	7 167	11.306 1

续　表

指标内容	年度	农村居民人均可支配收入（单位：元）	农村居民人均可支配收入的增长率（单位：%）
贞丰县	2008 年	2 417.3	10.596 67
	2009 年	2 781.5	15.066 4
	2010 年	3 204.4	15.204 03
	2011 年	3 647.55	13.829 42
	2012 年	4 090.7	12.149 25
	2013 年	5 447	33.155 69
	2014 年	6 134	12.612 45
	2015 年	6 784	10.596 67
	2016 年	7 503	10.598 47

数据来源：黔西南布依族苗族自治州统计局。

　　再次，城镇居民人均可支配收入。见表 5-5，从 2008 年至 2016 年，全州的城镇居民人均可支配收入一直都处于增长的发展态势。在这之中，兴义市的变化幅度是最大的，主要也是因为其是黔西南布依族苗族自治州的州府所在地，所以，受到政策、区位等因素的影响就比较大，从而导致其城镇居民人均可支配收入的变化幅度最大。而望谟县的变化幅度同样也是最小的，主要也是因为其地理位置等因素，所带来的优势比较小。故而，导致国家层面相关政策对其产生的辐射作用等有限，从而造成其城镇居民人均可支配收入的变化幅度最小。

表 5-5 黔西南布依族苗族自治州及其各县市城镇居民人均可支配收入的状况

指标内容	年度	城镇居民人均 可支配收入 （单位：元）	城镇居民人均 可支配收入增长率 （单位：%）
全州	2008 年	13 501.1	8.302 899
	2009 年	14 118.1	4.569 998
	2010 年	15 001.2	6.255 091
	2011 年	17 003.9	13.350 27
	2012 年	19 471.6	14.512 55
	2013 年	19 842	1.902 258
	2014 年	21 300	7.348 05
	2015 年	23 342	9.586 854
	2016 年	25 419	8.898 124
安龙县	2008 年	12 162.38	2.952 504
	2009 年	12 839.88	5.570 496
	2010 年	13 621.13	6.084 483
	2011 年	15 741.87	15.569 49
	2012 年	17 862.61	13.471 97
	2013 年	18 390	2.952 504
	2014 年	20 017	8.847 2
	2015 年	22 199	10.900 73
	2016 年	24 352	9.698 635

续　表

指标内容	年度	城镇居民人均可支配收入（单位：元）	城镇居民人均可支配收入增长率（单位:%）
册亨县	2008 年	11 927	5.032 79
	2009 年	12 527.26	5.032 79
	2010 年	13 284.1	6.041 531
	2011 年	15 020.93	13.074 51
	2012 年	16 757.76	11.562 73
	2013 年	17 919	6.929 552
	2014 年	19 714	10.017 3
	2015 年	21 942	11.301 61
	2016 年	24 158	10.099 35
普安县	2008 年	12 134.75	4.677 419
	2009 年	12 805.31	5.525 934
	2010 年	13 771.8	7.547 527
	2011 年	15 660.47	13.714 1
	2012 年	17 549.15	12.060 16
	2013 年	18 370	4.677 419
	2014 年	19 975	8.737 071
	2015 年	22 132	10.798 5
	2016 年	24 346	10.003 61

续　表

指标内容	年度	城镇居民人均可支配收入（单位：元）	城镇居民人均可支配收入增长率（单位:%）
晴隆县	2008 年	12 331.06	2.325 228
	2009 年	12 617.79	2.325 228
	2010 年	13 283.07	5.272 561
	2011 年	15 217.16	14.560 57
	2012 年	17 151.25	12.709 93
	2013 年	18 100	5.531 667
	2014 年	19 866	9.756 906
	2015 年	21 972	10.601 03
	2016 年	24 235	10.299 47
望谟县	2008 年	11 723.1	5.230 544
	2009 年	12 336.28	5.230 544
	2010 年	13 143.26	6.541 52
	2011 年	14 825.52	12.799 37
	2012 年	16 507.77	11.347 02
	2013 年	17 807	7.870 401
	2014 年	19 360	8.721 289
	2015 年	21 528	11.198 35
	2016 年	23 767	10.400 41

续　表

指标内容	年度	城镇居民人均 可支配收入 （单位：元）	城镇居民人均 可支配收入增长率 （单位:%）
兴仁市	2008 年	12 476.84	4.320 584
	2009 年	13 054.99	4.633 815
	2010 年	13 915.39	6.590 552
	2011 年	16 170.64	16.206 9
	2012 年	18 425.89	13.946 59
	2013 年	19 222	4.320 584
	2014 年	20 816	8.292 581
	2015 年	22 669	8.901 806
	2016 年	24 459	7.896 246
兴义市	2008 年	14 009.32	3.661 031
	2009 年	14 692.52	4.876 756
	2010 年	15 682.69	6.739 28
	2011 年	18 092.06	15.363 26
	2012 年	20 501.44	13.317 29
	2013 年	21 252	3.661 031
	2014 年	23 122	8.799 172
	2015 年	25 110	8.597 872
	2016 年	27 245	8.502 589

续　表

指标内容	年度	城镇居民人均 可支配收入 （单位：元）	城镇居民人均 可支配收入增长率 （单位：%）
贞丰县	2008 年	12 113.1	4.092 58
	2009 年	12 608.84	4.092 58
	2010 年	13 447.3	6.649 81
	2011 年	15 434.02	14.774 05
	2012 年	17 420.73	12.872 29
	2013 年	18 609	6.821 033
	2014 年	20 113	8.082 111
	2015 年	22 245	10.600 11
	2016 年	24 358	9.498 764

数据来源：黔西南布依族苗族自治州统计局。

　　最后，人均GDP。见表 5-6，从 2008 年至 2016 年，全州的人均
GDP 也一直都处于增长的发展态势。在这当中，兴义市的变化幅度是
最大的，主要原因也在于其是黔西南布依族苗族自治州的州府所在地，
受到区位、政策、旅游等因素的影响比较大，从而导致其人均GDP 的
变化幅度最大。而变化幅度最小的也是望谟县，这也与其地理位置不佳
等原因有关。

表 5-6　黔西南布依族苗族自治州及其各市县人均 GDP 的状况

指标内容	年度	人均 GDP （单位：元）	人均 GDP 增长率 （单位:%）
全州	2008 年	6 647	22. 210 06
	2009 年	8 793.5	32. 292 76
	2010 年	10 940	24. 410 08
	2011 年	13 386	22. 358 32
	2012 年	17 015	27. 110 41
	2013 年	19 840	16. 603
	2014 年	23 821	20. 065 52
	2015 年	28 464	19. 491 21
	2016 年	32 833	15. 349 21
安龙县	2008 年	6 572	20. 396 6
	2009 年	8 591.5	30. 728 85
	2010 年	10 611	23. 505 79
	2011 年	11 633	9. 631 514
	2012 年	15 112	29. 906 3
	2013 年	17 737	17. 370 3
	2014 年	20 314	14. 528 95
	2015 年	24 505	20. 631 09
	2016 年	28 639	16. 870 03

续　表

指标内容	年度	人均 GDP （单位：元）	人均 GDP 增长率 （单位:%）
册亨县	2008 年	3 212	28. 740 09
	2009 年	4 694.5	46. 155 04
	2010 年	6 177	31. 579 51
	2011 年	7 400	19. 799 26
	2012 年	9 958	34. 567 57
	2013 年	12 101	21. 520 39
	2014 年	15 128	25. 014 46
	2015 年	19 221	27. 055 79
	2016 年	23 878	24. 228 71
普安县	2008 年	5 336	23. 352 99
	2009 年	7 989.5	49. 728 26
	2010 年	10 643	33. 212 34
	2011 年	11 726	10. 175 7
	2012 年	14 432	23. 076 92
	2013 年	16 741	15. 999 17
	2014 年	19 705	17. 705 04
	2015 年	23 385	18. 675 46
	2016 年	27 653	18. 251 02

续　表

指标内容	年度	人均 GDP （单位：元）	人均 GDP 增长率 （单位:%）
晴隆县	2008 年	4 344	25. 766 95
	2009 年	6 404	47. 421 73
	2010 年	8 464	32. 167 4
	2011 年	9 757	15. 276 47
	2012 年	12 600	29. 138 05
	2013 年	14 956	18. 698 41
	2014 年	17 919	19. 811 45
	2015 年	22 231	24. 063 84
	2016 年	26 579	19. 558 27
望谟县	2008 年	2 624	31. 985 42
	2009 年	3 981. 5	51. 733 99
	2010 年	5 339	34. 095 19
	2011 年	6 197	16. 070 43
	2012 年	8 501	37. 179 28
	2013 年	10 944	28. 737 8
	2014 年	14 544	32. 894 74
	2015 年	19 023	30. 796 2
	2016 年	23 660	24. 375 76

续　表

指标内容	年度	人均 GDP （单位：元）	人均 GDP 增长率 （单位:%）
兴仁市	2008 年	5 732	24. 043 03
	2009 年	7 951	38. 712 49
	2010 年	10 170	27. 908 44
	2011 年	11 975	17. 748 28
	2012 年	15 423	28. 793 32
	2013 年	18 413	19. 386 63
	2014 年	21 951	19. 214 69
	2015 年	27 007	23. 033 12
	2016 年	31 746	17. 547 3
兴义市	2008 年	13 978	15. 927 71
	2009 年	15 788	12. 948 92
	2010 年	17 598	11. 464 4
	2011 年	20 926	18. 911 24
	2012 年	26 032	24. 400 27
	2013 年	30 212	16. 057 16
	2014 年	35 861	18. 697 87
	2015 年	40 274	12. 305 85
	2016 年	45 363	12. 635 94

续　表

指标内容	年度	人均 GDP （单位：元）	人均 GDP 增长率 （单位:%）
贞丰县	2008 年	6 606	23. 081 4
	2009 年	9 150. 5	38. 518 01
	2010 年	11 695	27. 807 22
	2011 年	14 012	19. 811 89
	2012 年	17 595	25. 570 94
	2013 年	20 521	16. 629 72
	2014 年	25 059	22. 113 93
	2015 年	29 813	18. 971 23
	2016 年	34 353	15. 228 26

数据来源：黔西南布依族苗族自治州统计局。

（二）相关指数的评估结果

对于财政支持喀斯特石漠化治理的成效评估来说，本书主要使用主成分分析法求解喀斯特石漠化的状况指数、农业发展治理措施指数、林业发展治理措施指数以及水利建设治理措施指数。具体而言，有如下几个方面：

第一，按照谌业文，李丽、王旭琴、胡尧（2017）[①] 提出的方法，对原始数据里面的负向指标予以数学变换，使其变成正向的指标。同时，还需要对这一些数据作均值化处理，以统一各项指标的单位。

第二，在各项内部指标大致符合主成分分析要件（详见表 5-7 之中，Bartlett 球形检验的 P 值与 KMO 值）的背景之下，从原始数据之中的有关矩阵开始，按照累积方差超过80%作为原则，以决定主成分的数目。然后，再根据上述所得到的主成分数据，并且使用相对应的特征向

①谌业文，李丽，王旭琴，等. 基于 FARBF 神经网络算法的资产评估统计模型 [J]. 统计与决策，2017 (6)：172-177.

量作为其内部各项指标的权重值，以测算其主成分的得分。

第三，使用主成分相对应的特征值除以原始数据在各方面的总方差，所得到的数值就成为了各主成分的权重值，以求解农业发展治理措施指数、林业发展治理措施指数、水利建设治理措施指数以及喀斯特石漠化的状况指数，从而为接下来混合效应模型的建立，提供相应的数据支撑。

表5-7　财政支持喀斯特石漠化治理数据的统计分析结果

研究的维度	主成分	特征根	方差贡献率（单位:%）	累积方差贡献率（单位:%）	KMO 值（Bartlett 球形检验P 值）
喀斯特石漠化的状况指数（Rocky）	1	3.44	68.86	68.86	0.72（<2.32e-10）
	2	0.84	16.92	85.78	
林业发展治理措施指数（Fore）	1	2.81	28.2	28.2	0.54（<2.44e-10）
	2	1.96	19.63	47.83	
	3	1.82	18.24	66.07	
	4	0.85	14.16	80.23	
农业发展治理措施指数（Agro）	1	3.09	51.54	51.54	0.60（<2.07e-10）
	2	1.61	26.75	78.29	
	3	1.03	17.23	95.52	
水利建设治理措施指数（Water）	1	3.83	27.36	27.36	0.57（<4.22e-10）
	2	2.15	15.39	42.75	
	3	2.02	14.46	57.21	
	4	1.44	10.27	67.48	
	5	1.11	7.95	75.43	
	6	1.01	7.28	82.71	

数据来源：作者通过计算得到。

与此同时，按照吕延方，陈磊（2010）[1] 提出的研究思路，对治理喀斯特石漠化的数据作单位根检验，结果见表5-8，除了"喀斯特石漠化的状况指数"没有办法拒绝原假设之外，其他的变量都符合统计学

―――――――――

[1]吕延方，陈磊．面板单位根检验方法及稳定性的探讨［J］．数学的实践与认识，2010（21）：49-61.

理论当中的平稳性特征：在10%的显著性水平条件之下，都表现出了显著的状态。同时，在对喀斯特石漠化的状况指数进行对数变化之后，发现其可以顺利通过平稳性检验。因此，将指标"log（（喀斯特石漠化的状况指数）²）""水利建设治理措施指数""林业发展治理措施指数"以及"农业发展治理措施指数"作为解释变量，而各市县作为虚拟变量，分别以"人均GDP的增长率""城镇居民人均可支配收入的增长率"以及"农村居民人均可支配收入的增长率"的对数作为响应变量，可以得到如下的模型：

$$\log(Y) = \alpha_0 + \sum_{i=1}^{4} \alpha X + \beta District + u \quad (14)$$

式中，X、Y表示的意思，见表5-8；$District$表示的是黔西南布依族苗族自治州之中的各市县；$u_{it} = \varepsilon_i + \upsilon_{it}$，$\varepsilon_i$表示的是由于区域（市、县）的不同而造成的随机影响因子；而υ_{it}表示的是由于时间与区域不同而造成的随机影响因子；[1] 其余指标的具体解释，请详见表5-8、表5-9、表5-10、表5-11。

表5-8　关于财政支持喀斯特石漠化治理数据的单位根检验

研究的变量	P值	变量的属性
喀斯特石漠化的状况指数（Rocky）	0.29	
log（（喀斯特石漠化的状况指数）²）	0.01	解释变量（X）
林业发展治理措施指数（Fore）	0.01	
农业发展治理措施指数（Agro）	0.04	
水利建设治理措施指数（Water）	0.04	
人均GDP的增长率（R）	0.09	响应变量（Y）
城镇居民人均可支配收入的增长率（R）	0.01	
农村居民人均可支配收入的增长率（R）	0.01	

数据来源：作者通过计算得到。

---

[1]Baltagi B H. *Econometric Analysis of Panel Data*, 5th Edition［M］// *Econometric analysis of panel data*. John Wiley, 2016：1-373.

因此，通过使用R软件及其PLM函数包等，就可以得到公式（14）的参数估计结果，如下表所示：

表 5-9　财政支持喀斯特石漠化治理各方面指数对于人均GDP增长率的评估结果

因变量	模型成分	指标内容	估计值	标准误差	统计量	P值
人均GDP增长率	固定效应	截距：$\hat{\alpha}_0$	3.08	0.09	35.91	<2.2e-10
		林业发展治理措施指数：$\hat{\alpha}_1$	0.37	0.09	4.05	<5.32e-10
		农业发展治理措施指数：$\hat{\alpha}_2$	−0.03	0.07	−0.42	0.68
		水利建设治理措施指数：$\hat{\alpha}_3$	0.12	0.11	1.13	0.26
		log（（喀斯特石漠化的状况指数）^{2}）：$\hat{\alpha}_4$	0.04	0.02	2.35	0.02
		册亨县	0.35	0.11	3.1	0.002
		普安县	−0.01	0.11	−0.1	0.92
		晴隆县	0.16	0.12	1.33	0.18
		望谟县	0.51	0.12	4.33	<1.46e-5
		兴仁市	0.15	0.11	1.42	0.15
		兴义市	−0.27	0.12	−2.3	0.02
		贞丰县	0.12	0.11	1.05	0.29
	随机效应	$\hat{\alpha}_\varepsilon = 0.003$				
		$\hat{\alpha}_v = 0.08$				

数据来源：作者通过计算得到。

见表5-9，总体而言，财政支持喀斯特石漠化治理当中的林业发展治理措施与水利建设治理措施对于人均GDP增长率的促进作用比较大，而农业发展治理措施的促进作用则与之相反。另外，从州内各市县的层面进行考察，除了兴义市与普安县之外，其他的市县均表现出了促进作用。其主要原因在于：

（1）由于喀斯特石漠化治理是一项长期性、系统性、综合性、复杂性、社会性以及公益性的生态环境保护工程，因此，其对于人均GDP增长率的促进作用，就会存在一定程度上的不同。诸如，林业发展治理措施里面的种树、封山育林等举措，由于有国家层面生态环境保护的硬性要求，任何人都不能够随意的砍伐林木资源等。从长远发展的视角来看，这满足生态文明建设的根本要求，有助于促进人均GDP增长率的上升。

（2）对于农业发展治理措施来讲，因为在外地工作的当地居民数量比较多，所以，造成了农业发展治理措施对于人均GDP增长率的促进作用有限。

（3）对于水利建设治理措施而言，因为水利建设不仅仅是基础设施建设里面的一个重要构成元素，而且还是一个地区或者是国家今后发展社会经济的根本条件，所以，其对于人均GDP增长率的促进作用就比较大。

（4）从区域的角度进行考察，因为普安县紧邻省内六盘水市下辖的盘州市，并且盘州市是一个典型的"煤电之都"，煤电对生态环境的污染非常大，从而影响了普安县的喀斯特石漠化治理进程。同样的道理，由于兴义市紧邻云南省的曲靖市，并且曲靖市也是一个典型的喀斯特石漠化地区，这也会影响到兴义市的喀斯特石漠化治理进程。

表 5-10　财政支持喀斯特石漠化治理各方面指数对于城镇

居民人均可支配收入增长率的评估结果

因变量	模型成分	指标内容	估计值	标准误差	统计量	P 值
城镇居民人均可支配收入增长率	固定效应	截距：$\hat{\alpha}_0$	1.93	0.07	25.99	<2.2e-10
		林业发展治理措施指数：$\hat{\alpha}_1$	-0.27	0.15	-1.8	0.07
		农业发展治理措施指数：$\hat{\alpha}_2$	-0.15	0.11	-1.32	0.19
		水利建设治理措施指数：$\hat{\alpha}_3$	-0.37	0.18	-2.06	0.04
		log（（喀斯特石漠化的状况指数）^{2}）：$\hat{\alpha}_4$	-0.03	0.03	-1.23	0.22
		册亨县	0.19	0.07	2.66	0.008
		普安县	0.11	0.07	1.51	0.13
		晴隆县	-0.18	0.11	-1.69	0.09
		望谟县	0.1	0.09	1.04	0.3
		兴仁市	0.03	0.05	0.62	0.53
		兴义市	0.05	0.09	0.55	0.58
		贞丰县	-0.000 4	0.08	-0.005 2	0.99
	随机效应	$\hat{\alpha}_\varepsilon = 0.02$				
		$\hat{\alpha}_v = 0.21$				

数据来源：作者通过计算得到。

见表 5-10，总体而言，在财政支持喀斯特石漠化治理之中，农业发展治理措施、林业发展治理措施以及水利建设治理措施，对于城镇居民人均可支配收入增长率的促进作用在降低。另外，从州内各市县的层面进行考察，除了贞丰县与晴隆县之外，其他的市县均表现出了一定程度上的促进作用。其主要原因在于：

（1）对于农业发展治理措施、林业发展治理措施以及水利建设治理措施来说，基本上都是在农村地区实施的，所以，其对于城镇居民人均可支配收入增长率的促进作用，就不可能会太大。

（2）对于贞丰县与晴隆县而言，其喀斯特石漠化治理工程基本上都是针对"三农"经济发展、精准扶贫、精准脱贫等内容，并且主要也是在农村地区实施的。同时，这些地区城镇的经济社会发展基础条件相对较好，人民群众的生活水平也相对较高。因此，喀斯特石漠化治理财政支持对于城镇居民人均可支配收入增长率的促进作用，是非常有限的。

表 5-11　财政支持喀斯特石漠化治理各方面指数对于农村
居民人均可支配收入增长率的评估结果

因变量	模型成分	指标内容	估计值	标准误差	统计量	P 值
农村居民人均可支配收入增长率	固定效应	截距：$\hat{\alpha}_0$	2.49	0.06	41.86	<2.2e-16
		林业发展治理措施指数：$\hat{\alpha}_1$	0.13	0.13	1.01	0.31
		农业发展治理措施指数：$\hat{\alpha}_2$	0.14	0.09	1.52	0.13
		水利建设治理措施指数：$\hat{\alpha}_3$	−0.28	0.15	−1.89	0.06
		log（（喀斯特石漠化的状况指数）^{2}）：$\hat{\alpha}_4$	−0.04	0.02	−1.67	0.09
		册亨县	0.11	0.05	1.96	0.05
		普安县	0.10	0.05	1.86	0.06
		晴隆县	0.13	0.08	1.49	0.14
		望谟县	0.06	0.07	0.78	0.44
		兴仁市	0.11	0.04	3.16	0.002
		兴义市	0.23	0.07	3.36	0.000 8
		贞丰县	0.03	0.06	0.56	0.57
	随机效应	$\hat{\alpha}_\varepsilon = 0.02$				
		$\hat{\alpha}_v = 0.15$				

数据来源：作者通过计算得到。

见表5-11，总体而言，在财政支持喀斯特石漠化治理当中，农业发展治理措施和林业发展治理措施，对于农村居民人均可支配收入增长率的促进作用比较大，而水利建设治理措施则与之相反。另外，从州内各市县的层面进行考察，均表现出了一定程度上的促进作用。其主要原因在于：

（1）相对于城镇来说，农业发展治理措施里面的畜牧业等，实现经济效益的时间比较快，所以，有利于提高农村居民人均可支配收入的增长率。

（2）众所周知，农业是国民经济发展的基础。由此可见，财政支持喀斯特石漠化治理的措施有利于促进农村居民人均可支配收入增长率的提升。

（3）林业发展治理措施里面的封山育林等，主要实施在农村地区，而且国家层面还会给予一定数量的资金补偿、项目补偿、政策补偿等。所以，林业发展治理措施指数对于农村居民人均可支配收入增长率的促进作用较为显著。

（4）水利建设是基础设施建设里面的一个重要构成要素，其所蕴含的经济价值需要经过相当长的时间才可以被体现出来，并且这对于农民来讲，是比较间接的收益。因此，对于农村居民人均可支配收入增长率来说，水利建设治理措施能够起到的促进作用，就不会非常的显著。

由此看来，虽然财政支持黔西南布依族苗族自治州喀斯特石漠化治理取得了一定的成效，但是，以长远的眼光来看，这是不完全符合时代发展要求的。因此，还需要生态补偿在内的其他政策支持手段的积极参与，以有效调节喀斯特石漠化治理当中各相关利益主体之间的关系，促进经济社会实现可持续发展。

5.2 喀斯特石漠化治理生态补偿的指标体系构建和标准仿真测算过程

本部分将会按照第四章所提出的生态补偿指标体系，及其标准测算模型，对贵州省黔西南布依族苗族自治州进行仿真测算，以期为其生态补偿指标体系的构建与标准的确定，提供相关的参考依据。

5.2.1 对主成分分析法的拓展

根据贵州省林业厅提供的《第二次喀斯特石漠化状况及其程度分地类统计表》，喀斯特石漠化的土地类型主要划分为林地、草地以及耕地。由于在这当中所涉及的指标比较多，可以考虑使用主成分分析法进行喀斯特石漠化治理生态补偿标准的仿真测算。

（一）喀斯特石漠化生态环境破坏的直接价值损失

根据喀斯特石漠化治理的实际情况，本论文选择喀斯特石漠化土地当中的林地、草地以及耕地作为核算因子，与其相关的具体情况和平均产值，见表5-12、表5-13。

表5-12 2011年黔西南布依族苗族自治州林地、耕地、草地的平均产值

指标内容	林地		耕地		草地	
总量	产值（单位：万元）	面积（单位：公顷）	产值（单位：万元）	面积（单位：公顷）	产值（单位：万元）	面积（单位：公顷）
	53014.8	772 984.00	482 654.50	159 413.30	370 484.40	74 561.00
平均产值（单位：元/公顷）	685.85		30 276.93		49 688.76	

数据来源：2011年黔西南布依族苗族自治州统计年鉴。
需要特别说明的是：平均产值＝产值/面积。

表5-13 黔西南布依族苗族自治州第二次喀斯特石漠化
状况及其程度分地类统计表（单位：公顷）

喀斯特石漠化土地的类别	林地	耕地	草地
面积	176 883.7	157 244.9	7 387.1

数据来源：贵州省林业厅。

因此，喀斯特石漠化生态环境破坏的直接价值损失：

$$\sum v_i = 685.85 \times 176\ 883.7 + 30\ 276.93 \times 157\ 244.9 + 49\ 688.76 \times 7$$

$387.1 = 5\ 249\ 264\ 355$ 元。

（二）喀斯特石漠化生态环境破坏的间接价值损失

结合黔西南布依族苗族自治州经济社会发展条件、自然环境条件等，计算喀斯特石漠化治理所使用土地的生态服务功能的部分经济价值。在计算单位生态服务价值的时候，需要参考谢高地、鲁春霞、冷允法、郑度、李双成（2003）的相关研究成果（表5-14）。[①] 在此，需要特别说明的是：本论文的研究重点是喀斯特石漠化治理，所以，只列举与其有关的林地、草地、耕地内容。

表5-14 我国不同陆地生态系统单位面积的生态服务价值（单位：元/hm²）

指标内容	农田	草地	森林
合计	6 114.3	6 406.5	19 334
文化、娱乐	8.8	35.4	1 132.6
原材料	88.5	44.2	2 300.6
生产食物	884.9	265.5	88.5
保护生物的多样性	628.2	964.5	2 884.6

---

①谢高地，鲁春霞，冷允法，等．青藏高原生态资产的价值评估［J］．自然资源学报，2003（2）：189-196.

指标内容	农田	草地	森林
处置废弃物	1 451.2	1 159.2	1 159.2
保护和形成土壤	1 291.9	1 725.5	3 450.9
涵养水源	530.9	707.9	2 831.5
调节气候	787.5	796.4	2 389.1
调节气体	442.4	707.9	3 097

　　因为表 5-14 所统计的是整个国家层面的结果，因而，本论文将黔西南布依族苗族自治州的人均GDP 和全国的人均GDP 进行对比，结果见表 5-15。同时，将表 5-15 当中的对比结果代入至表 5-14 当中的合计一栏，则可以得到黔西南布依族苗族自治州单位生态服务功能的价值，见表 5-16。

表 5-15　2011 年黔西南布依族苗族自治州

人均 GDP 和全国人均 GDP 的对比结果

全国的人均 GDP（单位：元）	34 108.2
黔西南布依族苗族自治州的 人均 GDP（单位：元）	13 386
对比结果	0.39

数据来源：2011 年黔西南布依族苗族自治州统计年鉴、2011 年中国统计年鉴。

表 5-16　2011 年黔西南布依族苗族自治州

单位生态服务功能的价值（单位：元/公顷·年）

林地	草地	耕地
7 587.76	2 514.28	2 399.6

数据来源：作者通过计算得到。

　　因此，喀斯特石漠化生态环境破坏的间接价值损失：

$$\sum u_i = 7587.76 \times 176883.7 + 2514.28 \times 7387.1 + 2399.6 \times 157244.9 =$$

1738049163 元。

除此之外，生物量在不同的地理范围之内，其数值是不同的。决定生物量的因素既与生态系统里面的产值有关，同时，也和其服务功能的高低有很大的关联。通常而言，生物量与生态服务的功能、生态系统之中的产值之间，成正比例关系。所以，在测算我国不同地方生态环境因子价值损失的时候，就需要修改生物量因子，以符合实际的情况。在本论文当中，黔西南布依族苗族自治州生态系统当中的生物量因子 $\alpha = 0.63$。[①]

（三）运用主成分分析法测算喀斯特石漠化治理的相关权重值

使用主成分分析法计算喀斯特石漠化地区当中耕地、草地以及林地的权重值，具体的步骤为：

（1）计算累积贡献率、贡献率以及因子特征值。应用 R 软件对表5-14之中的有关内容进行因子分析，并且提取出 2 个公共因子，见表5-17,其方差的累积贡献率为 99%（大于85%）。

（2）将喀斯特石漠化土地当中，林地、耕地、草地的因子进行标准化，然后，再加权综合得分。具体来讲，见表5-18、表5-17、表5-19。而且，还可以得到下列的表达式：

$$F_{1i} = 0.957 X_{2i} + 0.934 X_{3i}$$

$$F_{2i} = X_{1i} - 0.292 X_{2i} + 0.357 X_{3i}$$

其中，X_{3i}、X_{2i}、X_{1i} 代表的是对表5-19当中的内容进行标准化之后的结果，其余指标的含义与第四章的相同。

$$Z_i = \frac{0.6 \times F_{1i} + 0.39 \times F_{2i}}{99}$$

---

①谢高地，肖玉，甄霖，等．我国粮食生产的生态服务价值研究［J］．中国生态农业学报，2005（3）：10-13.

表 5-17　喀斯特石漠化的主成分分析结果

指标内容	成分	
	1	2
产品（直接价值）损失	0	1
产品（间接价值）损失	0.957	−0.292
占地面积	0.934	0.357
特征值	1.79	1.21
贡献率	0.6	0.39
累积贡献率	0.6	0.99

数据来源：作者通过计算得到。

表 5-18　喀斯特石漠化的因子得分结果

指标内容	得分			重要性
	成分1	成分2	加权	
森林	1.69	−0.7	0.748 484 848	3
耕地	0.18	1.4	0.660 606 061	2
草地	−1.87	−0.7	−1.409 090 909	1

数据来源：作者通过计算得到。

表 5-19　喀斯特石漠化的相关指标及其数据

指标内容	产品（直接价值）损失（单位：元/公顷）	产品（间接价值）损失（单位：元/公顷）	占地面积（单位：公顷）
森林	685.85	7 587.76	176 883.7
耕地	30 276.93	2 399.6	157 244.9
草地	49 688.76	2 514.28	7 387.1

数据来源：作者通过计算得到。

因此，加权以后的喀斯特石漠化生态环境破坏直接价值损失：

$$K_i \sum v_i = （685.85 \times 176\ 883.7 \times 3 + 30\ 276.93 \times 157\ 244.9 \times 2 +$$

49 688.76×7 387.1×1）／（1+2+3）= 1 708 798 093 元。

同理，加权之后的喀斯特石漠化生态环境破坏间接价值损失：

$$K_i \sum u_i = （7\ 587.76 \times 176\ 883.7 \times 3 + 2\ 399.6 \times 157\ 244.9 \times 2 +$$

2 514.28×7 387.1×1）／（1+2+3）= 799 946 025.4 元。

最后，需要特别说明的是：对于表 5-18 当中的重要性一列而言，考虑到计算的方便，所以，都取成整数。

（四）喀斯特石漠化的生态环境恢复费用

根据喀斯特石漠化治理的实际情况，本部分将喀斯特石漠化的生态环境恢复费用划分为国家标准和省级标准，从而使得喀斯特石漠化治理生态补偿的标准，也被划分为国家标准、省级标准。具体的内容如下：

（1）国家标准。由前所述，石漠化主要发生在喀斯特地貌之上。因此，国家层面从中央财政预算之内，专门划拨了一笔经费，用于治理喀斯特环境之中的负面问题，如石漠化现象等。据悉，在 2013 年以前，治理喀斯特的标准是每平方千米补助 20 万元（每公顷补助 2000 元）；而在 2013 年之后，治理喀斯特的标准就提高到了每平方千米补助 25 万元（每公顷补助 2500 元）。[①] 本论文使用的数据主要是 2011 年的，所以，就选取前一个标准，最后的结果见表 5-20。

（2）省级标准。我们知道，国家层面从 2008 年开始拨付喀斯特石漠化治理的专项资金，同时，贵州省的各级财政也匹配了相应的配套资金。因而，本论文选取了从 2008 年至 2010 年，在喀斯特石漠化治理之中，与林地、耕地、草地有关的投资总量和工程完成数量，见表 5-21、表 5-22。然后，再用喀斯特石漠化治理工程的投资完成数量除以喀斯特石漠化治理工程的实际完成数量，求取其平均价格，结果见表 5-23。由此得到喀斯特石漠化的生态环境恢复费用，见表 5-24。

---

①张兴国.岩溶地区石漠化治理"十三五"规划出台［N］.中国绿色时报，2016-5-4.

表5-20　按照国家标准的喀斯特石漠化生态环境恢复费用（单位：元）

指标内容	喀斯特石漠化的生态环境恢复费用
森林	353 767 400
耕地	314 489 800
草地	14 774 200
总计	683 031 400

数据来源：作者通过计算得到。

表5-21　黔西南布依族苗族自治州喀斯特石漠化治理工程的实际完成情况

指标内容	封山育林	经济林	防护林	用材林	总计	人工种草	改良草地	总计	坡改梯
年份	单位：公顷	单位：公顷	单位：公顷	单位：公顷	单位：公顷	单位：公顷	单位：公顷	单位：公顷	单位：公顷
2008年	3 233.63	954.55	1 045.7	223.86	5 457.74	2 935.86	1 825.07	4 760.93	219.13
2009年	4 241.86	2 125.3	4 071.15	420.03	10 858.34	3 357.36	440	3 797.36	231.29
2010年	6 208.64	3 294.53	3 818.06	401.52	13 722.75	2 264.58	1 100	3 364.58	289.06
平均值					10 012.94			3 974.29	246.493 3

数据来源：贵州省发展和改革委员会。

表5-22　黔西南布依族苗族自治州喀斯特石漠化治理工程的投资完成情况

指标内容	封山育林	经济林	防护林	用材林	总计	人工种草	改良草地	总计	坡改梯
年份	单位：万元	单位：万元	单位：万元	单位：万元	单位：万元	单位：万元	单位：万元	单位：万元	单位：万元
2008年	454.21	580.54	241.9	66.58	1 343.23	450.95	195	645.95	386.668 6
2009年	470.48	1 920.32	1 055.62	20.13	3 466.55	692.91	63.46	756.37	406.44
2010年	9 182.04	2 221.26	1 178.32	214.48	12 796.1	493.57	99	592.57	579.24
平均值					5 868.627			664.963 3	457.449 5

数据来源：贵州省发展和改革委员会。

表 5-23 喀斯特石漠化治理工程之中的平均价格

平均价格	森林	耕地	草地
单位：元/公顷	5 861.04	18 558.29	1 673.16

数据来源：作者通过计算得到。

表 5-24 按照省级标准的喀斯特石漠化生态环境恢复费用（单位：元）

森林	1 036 722 441
耕地	2 918 196 455
草地	12 359 800.24
总计	3 967 278 696

数据来源：作者通过计算得到。

（五）当地居民发展机会成本的损失

喀斯特石漠化治理工程主要是布局在农村地区，所以，本论文只研究当地农民的发展机会成本损失情况。主要是根据农村居民人均可支配收入的不同，来测算喀斯特石漠化生态环境的质量。具体的方法为：首先，计算出喀斯特石漠化地区的（如黔西南布依族苗族自治州等）农村居民人均可支配收入和所在的省（如贵州省等）农村居民人均可支配收入之间的差值。然后，再乘以喀斯特石漠化地区的农业人口数。因为农村居民为了喀斯特石漠化治理、生态环境保护等，付出了极大的代价。所以，他们理应得到生态补偿。由此可知，根据喀斯特石漠化治理的实际情况，见表 5-25，本论文利用贵州省和黔西南布依族苗族自治州农村居民人均可支配收入之间的差额，再乘以黔西南布依族苗族自治州的农业人口数，就可以计算出当地居民发展机会成本的损失为 480 886 000 元。

表5-25 2011年贵州省和黔西南布依族苗族自治州农村的发展状况

指标内容	农村居民人均可支配收入（单位：元）	农业人口（单位：人）
贵州省	4 145. 35	22 562 400
黔西南布依族苗族自治州	3 900	1 960 000

数据来源：2011年黔西南布依族苗族自治州统计年鉴、2011年贵州省统计年鉴。

（六）喀斯特石漠化治理的生态补偿费

将上述的数据分别代入公式（3）之中，并且结合表3-3当中，喀斯特石漠化的总面积，便可以得到喀斯特石漠化治理的生态补偿费，见表5-26。

表5-26 黔西南布依族苗族自治州喀斯特石漠化治理的生态补偿费

按照国家标准的生态补偿费（单位：元）	单位土地的生态补偿标准（单位：元/公顷）
2 744 426 195	7 640.6
按照贵州省标准的生态补偿费（单位：元）	单位土地的生态补偿标准（单位：元/公顷）
6 028 673 491	16 784.09

数据来源：作者通过计算得到。

（七）不同类型喀斯特石漠化治理的生态补偿标准

将表3-3当中，轻度石漠化面积、中度石漠化面积、强度石漠化面积、极强度石漠化面积，分别代入公式（10）、公式（11）、公式（12）、公式（13）之中，便能够得到不同类型喀斯特石漠化治理的生态补偿标准所占比例，见表5-27。

表5-27 黔西南布依族苗族自治州不同类型喀斯特石漠化治理的

生态补偿标准所占比例（单位:%）

轻度石漠化	9. 73
中度石漠化	53. 03
强度石漠化	26. 36
极强度石漠化	10. 88

数据来源：作者通过计算得到。

因此，见表5-28、表5-29，黔西南布依族苗族自治州喀斯特石漠化治理的生态补偿标准，可以被进一步划分为：

表5-28　黔西南布依族苗族自治州喀斯特石漠化治理生态补偿的国家标准

喀斯特石漠化的类型	喀斯特石漠化治理的生态补偿费（单位：元）	喀斯特石漠化治理的生态补偿标准（单位：元/公顷）
轻度石漠化	267 032 668.8	3 648.7
中度石漠化	1 455 369 211	7 296.39
重度石漠化	723 430 745	10 946.81
极重度石漠化	298 593 570	14 598.44

数据来源：作者通过计算得到。

表5-29　黔西南布依族苗族自治州喀斯特石漠化治理生态补偿的省级标准

喀斯特石漠化的类型	喀斯特石漠化治理的生态补偿费（单位：元）	喀斯特石漠化治理的生态补偿标准（单位：元/公顷）
轻度石漠化	586 589 930.7	8 015.08
中度石漠化	3 197 005 552	16 027.97
重度石漠化	1 589 158 332	24 046.82
极重度石漠化	655 919 675.8	32 068.35

数据来源：作者通过计算得到。

由此观之，对于黔西南布依族苗族自治州喀斯特石漠化治理的生态补偿标准来讲，省级标准明显要高于国家标准。

5.2.2　新的生态价值当量因子法

根据表5-23，在喀斯特石漠化治理的过程之中，森林、耕地、草地的平均价格之比大约为1：3：11。同时，再如第四章所示，农田生态系统1个标准当量因子的生态系统服务价值量$D = 3\ 406.5$元/公顷。所以，综合上述两者，就可以得到表5-30所列的结果。

表 5-30　在喀斯特石漠化生态系统当中，森林、
耕地、草地 1 个标准当量因子的生态系统服务价值量

按照农田生态系统 D =3 406.5 元/公顷	森林	耕地	草地
D 值（单位：元/公顷）	1 135.5	3 406.5	309.68

数据来源：作者通过计算得到。

再将表 5-31 的数据、表 3-1 里面贵州省最新的喀斯特面积，分别代入公式（6）、公式（5）之中，并且结合表 5-30、表 4-2 的内容，就可以得到表 5-32 所列的内容。

表 5-31　贵州省第二次喀斯特石漠化状况及其程度分地类统计表（单位：公顷）

喀斯特石漠化土地的类别	林地	耕地	草地
面积	1 753 181.7	1 146 734.6	58 224.5

数据来源：贵州省林业厅。

表 5-32　黔西南布依族苗族自治州的生态补偿费和生态补偿标准

指标内容	生态补偿费（单位：元）	生态补偿标准（单位：元/公顷）
森林	160 290 779.2	
耕地	88 069 151.88	
草地	609 765.28	
总计	248 969 696.4	693.14

数据来源：作者通过计算得到。

与此同时，结合表 5-27 的内容，便可以得到表 5-33 所列的结果。

表 5-33　黔西南布依族苗族自治州喀斯特石漠化治理的生态补偿标准

喀斯特石漠化 的类型	喀斯特石漠化治理的 生态补偿费（单位：元）	喀斯特石漠化治理的 生态补偿标准（单位：元/公顷）
轻度石漠化	24 224 751.46	331
中度石漠化	132 028 630	661.92
重度石漠化	65 628 411.97	993.08
极重度石漠化	27 087 902.97	1 324.35

数据来源：作者通过计算得到。

5.3　本章小结

　　本章以贵州省黔西南布依族苗族自治州作为研究对象，首先评价了财政支持喀斯特石漠化治理的成效，然后，分别使用主成分分析法和新的生态价值当量因子法等，对其喀斯特石漠化治理生态补偿的标准进行了仿真测算，并且同时提出了喀斯特石漠化治理生态补偿的指标体系。除此以外，还提出了其不同类型的喀斯特石漠化治理生态补偿标准的计算方法与指标体系。

第六章 喀斯特石漠化治理生态补偿的运作模式研究

对于我国的喀斯特石漠化地区来讲，进一步完善和建立生态补偿机制非常重要。这主要表现在：

（1）有利于落实和贯彻科学发展观。建立和完善喀斯特石漠化地区的生态补偿机制，有利于实现"经济手段+法律手段+行政手段+技术手段"的生态环境保护综合治理模式，资源的高效使用，经济社会可持续发展。同时，喀斯特石漠化地区也是贫困现象严重的区域，而且所肩负的生态环境保护任务却不轻，逐渐形成了"人多—生态环境变差—喀斯特石漠化严重—贫困—经济社会发展落后"的发展"链条"。为了治理喀斯特石漠化和保护生态环境，绝大多数农民放弃了发家致富的机会，从而导致了生活贫困。因此，这不得不促使有的农民思考：究竟是要良好的生态环境，还是要经济社会发展？除此之外，通常在生态文明建设和生物多样性保护当中，会出现一个"怪象"，即生态环境的保护者却不是最终的受益者，并且生态环境保护的投资数量大、回报率低、见效的时间长等。因而，普通的企业和团体等都不敢贸然地加入进来，以避免更大的损失。由此观之，只有通过生态补偿机制，才能够有

效地调整收益与成本之间的关系，增加回报率，减小见效周期，以提高
人们参与生态文明建设和喀斯特石漠化治理的积极性，促进经济社会实
现可持续发展。①

（2）是完成生态环境保护的内在要求。生态环境是指由非生物自
然因素和生物群落等所构成的生态环境系统，完全或者是主要通过自然
因素构成，而且还会长时间地、潜在地以及间接地影响人类的发展和生
存。由此看来，生态环境是人类实现经济社会可持续发展、生活水平提
升等内容的重要基础之一。对于我国的喀斯特石漠化地区来说，由于人
们对于生态文明建设的意识比较薄弱、科学技术的支持力度不够大、缺
乏对生态环境具有价值的认识等原因，从而在一定的程度上，减缓了参
与生态环境保护、喀斯特石漠化治理的热情。随着国际社会对于生态文
明建设的愈发重视，进一步建立和完善生态补偿机制的呼声也越来越
高，已经成为了新时期生态环境保护工作之中的一项重要内容。②

（3）是推进生态文明建设的一个重要方式。在生态文明建设的过
程当中，经济社会的发展方式必须转变，以实现生态资源环境和经济社
会之间协调发展。我国的喀斯特石漠化地区生态环境脆弱、复杂，建立
和完善生态补偿机制，有利于增加人民群众参与生态环境保护的积极
性，加快国家层面生态文明建设的步伐，高效治理喀斯特石漠化。③

（4）是促进可持续发展的基础性要求。生态补偿机制是资源生态
环境容量有限和社会生产力发展之间，矛盾运动当中的一个必然产物。
并且，通过应用市场化的运作方式和国家层面的调控手段，使得参与生

---

①吴红宇，马凤娟. 论我国西南地区生态补偿机制的建立和完善 [J]. 云南行政学院学报, 2010 (1):
　98-101.
②吴红宇，马凤娟. 论我国西南地区生态补偿机制的建立和完善 [J]. 云南行政学院学报, 2010 (1):
　98-101.
③吴红宇，马凤娟. 论我国西南地区生态补偿机制的建立和完善 [J]. 云南行政学院学报, 2010 (1):
　98-101.

态环境保护的人们可以得到合理、科学的补偿，而破坏生态环境的人们则需要受到应有的惩罚，以实现经济社会可持续发展。目前，我国的喀斯特石漠化地区自然资源没有得到更为合理的使用，再加上，生态环境保护的参与者得不到更为充分的补偿，造成了各种利益矛盾凸显，影响了其经济社会可持续发展的进程。因此，通过生态补偿机制，既可以满足人们一定的经济利益、而不会再去破坏生态环境，也可以比较好的调整生态环境和人类之间的关系，促进经济社会实现可持续发展。[1]

纵观国内和国外的各种生态补偿运作模式，主要可以划分为纵向生态补偿模式和横向生态补偿模式，并且前者的数量最多，而后者的数量相对较少，主要实施于流域生态补偿等领域。据悉，在当前的喀斯特石漠化治理生态补偿实践过程当中，也是以纵向生态补偿模式作为主导，横向生态补偿模式非常少。

6.1　纵向生态补偿模式

所谓的纵向生态补偿模式是指中央政府对地方各级政府进行的生态补偿，主要是利用中央财政纵向转移支付资金进行。[2] 从理论上讲，其特征主要有以下的几点内容：①在转移相关利益的时候，是通过规范的渠道进行的；②重点在于实现公平；③中央政府一直都处于最为重要的位置。[3] 虽然通过纵向生态补偿模式，喀斯特石漠化地区的生态环境保护与经济社会发展水平可以得到比较大的提高，但是，仍然会受到纵向

---

[1]吴红宇，马凤娟. 论我国西南地区生态补偿机制的建立和完善 [J]. 云南行政学院学报，2010（1）：98-101.

[2]李宁，丁四保，王荣成，等. 我国实践区际生态补偿机制的困境与措施研究 [J]. 人文地理，2010（1）：77-80.

[3]郑长德. 中国西部民族地区生态补偿机制研究 [J]. 西南民族大学学报（人文社科版），2006（2）：5-10.

财政转移支付制度自身不足之处的影响。主要表现在：

（1）财政转移支付理论存在缺陷。在实际的工作当中，纵向生态补偿模式主要是通过各级政府之间的财政转移支付进行的，具体是指上级政府给予下级政府的财政支持，其主要的意义在于：尽可能促使各区域的公共服务程度达到一个平均化的水平。然而，对于上级政府来讲，他们仅仅实现了公平的原则，却没有实现资源的优化配置、提高效率的目标，特别是没有反映出一个特定的区域在市场经济的大背景之中，生态服务应该具有的市场交换关系、生态环境保护和经济社会发展之间的合理分工。①

（2）现行的财政转移支付制度存在缺陷。对于喀斯特石漠化综合治理等生态环境保护工程来说，基本上都是中央财政通过纵向转移支付（纵向生态补偿）模式，并且是以项目的形式进行的，因而，制度性较为缺乏、生态补偿的标准比较低、能够覆盖的区域范围有限、实施的时间有限。再加上，其侧重于公平分配的功能，以减小各区域之间的财政收入能力差别，从而导致对资源的优化配置和效率的提高等调控目标关注度过小。例如，见表6-1，虽然从总体上看，中央财政资金对黔西南布依族苗族自治州喀斯特石漠化治理的支持力度在加大，但是，仍然显得"杯水车薪"。更为重要的是：当年中央财政的预算执行情况决定了中央财政转移支付资金的大小，而且其数量不明确、随意性比较高，需要等待至来年办理财政决算的时候，这一笔资金才能够被下拨。故而，难以满足实际工作的要求。②

因此，未来纵向生态补偿模式支持喀斯特石漠化治理应该按照如下

①李宁，丁四保，王荣成，等.我国实践区际生态补偿机制的困境与措施研究［J］.人文地理，2010，（1）：77-80.
②李宁，丁四保，王荣成，等.我国实践区际生态补偿机制的困境与措施研究［J］.人文地理，2010（1）：77-80.

的措施进行。

（1）以喀斯特石漠化治理一般性财政转移支付占据主导，将不同地区生态环境保护成本的区别、生态环境具备的功能、财政的困难程度、基本公共服务平均化的水平以及区位的发展程度等因子综合考虑进去，以增加喀斯特石漠化治理财政转移支付的支持力度和系数，扩宽喀斯特石漠化治理生态补偿的实施区域范围。[①]

（2）喀斯特石漠化治理中央财政转移支付资金应该重点投向喀斯特石漠化治理当中的禁止开发区、限制开发区、革命老区、少数民族地区、边境地区以及贫困地区。[②]

（3）在保证财政力量平均化的前提条件之下，应该充分发挥保护生态环境的激励性，将水体质量的提高水平、保护生态环境的努力水平、森林植被的覆盖率、治理喀斯特石漠化土地面积的提高数量、治理水土流失面积的提高数量以及降低污染物的排放数量等因素，纳入喀斯特石漠化治理生态补偿评估指标体系里面，并且对生态环境质量有所改善的地区予以一般性财政转移支付支持，以表示奖励。[③]

（4）对于喀斯特石漠化治理专项财政转移支付来说，应该增加对具有重大生态环境功能和跨区域特性的生态环境系统财政转移支付的支持力度，降低具有重复性质的财政转移支付。[④]

（5）不断增大省级及其以下的喀斯特石漠化治理纵向财政转移支付支持力度，[⑤] 重点是针对极重度石漠化地区、中度石漠化地区、轻度石漠化地区、重度石漠化地区，以切实提高实际的治理成效。

---

①卢洪友，杜亦谯，祁毓．生态补偿的财政政策研究［J］．环境保护，2014（5）：23-26.
②卢洪友，杜亦谯，祁毓．生态补偿的财政政策研究［J］．环境保护，2014（5）：23-26.
③卢洪友，杜亦谯，祁毓．生态补偿的财政政策研究［J］．环境保护，2014（5）：23-26.
④卢洪友，杜亦谯，祁毓．生态补偿的财政政策研究［J］．环境保护，2014（5）：23-26.
⑤卢洪友，杜亦谯，祁毓．生态补偿的财政政策研究［J］．环境保护，2014（5）：23-26.

表6-1 黔西南布依族苗族自治州喀斯特石漠化治理的

中央财政资金支持情况（单位：万元）

年度	中央资金
2008 年	3 200
2009 年	6 400
2010 年	8 000
2011 年	6 400
2012 年	4 700
2013 年	5 800
2014 年	5 200
2015 年	5 396.82
2016 年	7 794.82

数据来源：贵州省发展和改革委员会。

由此观之，单独依靠纵向生态补偿模式支持喀斯特石漠化治理是绝对不够的，还需要横向生态补偿模式的"鼎力相助"。

6.2 横向生态补偿模式[①]

所谓的横向生态补偿模式是指在生态补偿当中，受偿者和补偿者之间没有行政方面的隶属性关系，是以可持续利用和保护生态环境作为主要的目标，并且是通过使用市场化方式或者是公共政策等途径和措施，以调整生态环境关系密切、没有行政方面隶属性关系的各区域之间，在相关利益分配方面，能够实现合理、科学的制度性安排。它是开展生态补偿工作的重要举措之一。在这其中，没有行政方面隶属性关系的区域

[①]国家发展改革委国土开发与地区经济研究所课题组．地区间建立横向生态补偿制度研究 [J]．宏观经济研究，2015（3）：13-23.

既是指县和县、市和市、省和省等相同级别的行政区域，也是指县和市、县和省、市和省等不同级别的行政区域。从另一个层面来讲，横向生态补偿模式又是指为了开展横向生态补偿工作而制定的行政手段、经济手段以及法律手段等之总和，是针对生态补偿的对象、生态补偿的主体、生态补偿的方式、生态补偿的监督管理评价体系以及生态补偿的标准等横向生态补偿模式里面的关键性内容，所制定的规则性制度安排。

相关的研究结果表明，横向生态补偿模式具有以下的特征：

（1）实施横向生态补偿模式的各区域之间，生态环境的相关性非常密切。横向生态补偿模式主要实施于生态环境相关性非常密切的区域之间，即生态补偿之中的受偿者和补偿者之间，在生态环境方面的利益关系非常清楚。在生态补偿受益主体不便于明确的时候，通常就需要上级政府或者是中央政府层面实施纵向生态补偿模式；而在生态环境利益关系清楚的地方，则可以通过市场化方式或者是公共政策等手段，实施横向生态补偿模式。由此看来，横向生态补偿模式可以与纵向生态补偿模式形成"互补"的力量。

（2）实施横向生态补偿模式的各区域之间，没有行政方面的隶属性关系。对于横向生态补偿模式当中的对象与主体而言，绝大部分都具有跨县、跨市以及跨省等跨行政区域特点，受偿者和补偿者之间没有行政方面的隶属性关系。这其中，既有相同级别之间的关系，也有不同级别之间的关系。

（3）实施横向生态补偿模式的双方可以进行自主协商。在实施横向生态补偿模式的过程当中，由于受偿者和补偿者之间可以在补偿手段、补偿标准以及监督管理模式等层面进行自主协商，这就成为了横向生态补偿模式形成的基础。例如，对于一些发达国家而言，其产权关系较为清楚，因而，当地的居民、政府以及企业等，就可以通过自主协商的方式，实施横向生态补偿模式。

（4）横向生态补偿模式之中的利、权、责对等。在实施横向生态补偿模式的时候，受偿者与补偿者通常会对彼此的利、责、权做出清楚的规定。补偿者通常会要求对方供应更多、更好的生态产品，而且还需要分摊因为采取这样的措施而产生的其他成本。在达到了前述规定的条件之下，补偿者应该足额、按时的给受偿者拨付资金。而受偿者为了增强生态产品的供给能力，就会对其下辖的草地、耕地以及林地等，采取更为严格的管理措施。这样一来，农业面源、企业等排污行为，也能够得到很大程度上的制约。因此，这不仅仅会导致受偿者的生态环境保护和治理成本提高，而且还会使得其失去一定数量的发展机会成本。除此之外，倘若生态补偿当中的受偿者在生态环境保护和治理方面出现了非常大的错误，并且还对生态补偿里面的补偿者产生了很大的负面影响，从而造成了生态产品的数量或者是质量不能够满足上述的要求。此时，前者就需要对后者进行相应的赔偿。

由此看来，实施横向生态补偿模式对于喀斯特石漠化治理来讲，具有非常重要的意义。这主要表现在：

首先，有助于在生态文明建设的大背景之下，实现公平化的喀斯特石漠化地区区域发展权。在中国共产党第十八次全国代表大会所作报告当中，从国家层面第一次将生态文明建设纳入"五位一体"总体布局里进行说明。随后，党的十八届三中全会又明确地指出了："要推动各区域之间建立和完善横向生态补偿制度，以推进生态文明制度建设快速发展。"因此，从生态文明建设的视角进行考察，生态产品是具有市场价值的，通过提供生态产品实现的发展也属于发展的范畴。虽然喀斯特石漠化地区的生态环境恶劣，但是，还是能够提供一定数量的生态产品。由此可见，在喀斯特石漠化地区实施横向生态补偿模式，在一定的程度上，能够发掘出其生态产品所拥有的市场价值，同时，使得其提供方得到一定数额的经济利益，以实现其区域发展公平化，进而减轻中央财政的压力。

其次，有助于促使喀斯特石漠化治理横向生态补偿模式继续朝着法制化的方向发展。在《中共中央关于全面推进依法治国若干重大问题的决定》当中，明确地提出了："要加快建立和健全生态补偿等方面的法规、法律。"作为生态补偿体系之中的一个重要组成部分，横向生态补偿模式也会在此背景之下得到更为完善的法律保障。由前所述，导致各地区喀斯特石漠化形成的原因大致趋同，所以，横向生态补偿模式的法制建设可以先在某一个地方试行，等到时机成熟了，而且取得了一定的经验以后，再向其他的喀斯特石漠化地区推广。

再次，有助于持续提高喀斯特石漠化地区的治理能力，并且健全和完善其治理体系。党的十八届三中全会明确地指出了："要推进国家层面的治理能力与治理体系现代化，需要通过协同性、整体性以及系统性的改革措施，以增强区域的治理能力、健全和完善区域的治理体系。"喀斯特石漠化治理横向生态补偿模式，属于受偿者与补偿者范围里面的相关企业、社会组织、居民以及政府等多元主体，实施后能够更加积极地参与到喀斯特石漠化区域治理之中，而不再是单独依靠政府主导的喀斯特石漠化治理模式。在我国，由于行政区域与生态区域并不会在空间的层面上全部相对应，并且政府层面主要是基于行政区域的角度实施区域治理，从而造成了难以处理生态环境保护当中，所存在的外部性问题、生态环境受益地区与生态环境保护地区之间的利、权、责不清晰问题。而横向生态补偿模式却是为此而"生"的，能够在生态环境治理和保护的层面产生"合力"。

最后，有助于国家层面进一步指导与规范喀斯特石漠化治理横向生态补偿模式的实施进程。迄今为止，国内还没有形成一套相对成熟、完整的，能够具体指导横向生态补偿模式实施的制度体系。因此，需要从国家的层面上，加快建立和健全推进喀斯特石漠化治理横向生态补偿模式制度建设的措施，以为喀斯特石漠化地区的各级政府开展横向生态补偿模式提供参考依据，实现喀斯特石漠化的有效治理。

因此，其应该在"谁补偿、谁受益，谁受偿、谁保护"的基本原则之上，构建喀斯特石漠化治理横向生态补偿模式的总体制度框架及其实施举措。

（1）根据喀斯特石漠化治理的相关性，明确其受益地区的区域范围及其生态补偿的主体。确定喀斯特石漠化治理横向生态补偿模式主体的目的，就在于决定"谁可以来进行生态补偿"。生态产品是属于公共物品的范畴，其所具有的正外部性十分显著，因此，应该根据其影响范围的大小，确定生态补偿的主体，并且通过其中的横向生态补偿模式，使得生态环境保护地区与生态环境受益地区之间，逐渐形成一种生态产品享用之中的"俱乐部式经济"，以形成生态环境保护和治理的"合力"。具体来讲，有以下几个方面：

①喀斯特石漠化治理相关性的紧密水平，在很大的程度上，决定了喀斯特石漠化治理横向生态补偿模式的主体。只有在喀斯特石漠化治理受益地区得以清晰的条件之下，才可以确定其生态补偿的主体，进而实施横向生态补偿模式。同时，明确喀斯特石漠化治理受益地区主要是与喀斯特石漠化治理保护地区和喀斯特石漠化治理受益地区之间，在生态环境关系上，所拥有的紧密水平有关。因而，应该将喀斯特石漠化治理的受益地区归并至其所处的生态环境保护系统之中的"俱乐部"里面，以享用生态产品、降低生态环境保护和治理的成本，并且补偿生态产品在非排他性方面所存在的缺陷。

②积极发挥喀斯特石漠化治理受益地区当中各级政府在引导性方面的作用。在实际工作当中，当遇到喀斯特石漠化治理的受益地区比较清楚，而其中具体的生态环境受益主体却不能够被轻易明晰的时候，就需要发挥喀斯特石漠化治理受益地区里面，各级政府在喀斯特石漠化治理横向生态补偿模式之中的积极作用，并且由喀斯特石漠化治理受益地区当中的各级政府代表喀斯特石漠化治理受益地区，承担起喀斯特石漠化治理横向生态补偿模式的主体"角色"，同时，购买其生态产品。通常而言，生态环境效益会给生态环境保护受益地区带来综合性的效果，所以，当地政府及其上级政府就需要一起承担横向生态补偿模式主体的责任。

③鼓励喀斯特石漠化治理受益地区当中的相关企业、非政府组织、社会团体以及居民等，积极参加喀斯特石漠化治理。当喀斯特石漠化治理受益地区当中，各具体的生态环境受益主体较为容易明晰的时候，相关的居民、非政府组织、企业以及社会团体等，就应该主动分担享用生态产品的费用，而且还需要主动承担起喀斯特石漠化治理横向生态补偿模式的主体"角色"。在此，需要特别说明的是，对于在喀斯特石漠化治理受益地区当中，通过直接使用生态产品，以谋取经济利益的企业来讲，他们更应该主动按照上述的措施执行，以弥补其对生态环境所造成的损失。

（2）建立和完善自然资源的资产产权制度，确定喀斯特石漠化治理横向生态补偿模式的对象。确定喀斯特石漠化治理横向生态补偿模式的对象，其主要目的就在于解决喀斯特石漠化治理横向生态补偿模式，需要"补给谁"的问题。生态产品是属于自然资源的一个"衍生品"，需要明确其"主人"是谁。而建立和完善自然资源的资产产权制度，就是要实现主有权、产有主、责连利、权有责，进而达到自然资源资产的使用权或者是产权所属人格化，为确定喀斯特石漠化治理横向生态补偿模式的对象，以制度方面支持的目的。具体而言，在自然资源资产产权当中，应该设立"四权分置"的体系。这是明晰喀斯特石漠化治理横向生态补偿模式的对象和生态产品提供者的"基石"，也是在市场经济的条件之下，生态产品作为商品能够得以交易的一个前提条件。应该在对自然资源的使用途径进行严格管理的大背景之下，加快完善其资产产权制度，以实现使用权、转让权、所有权以及收益权"四权分置"，进而为喀斯特石漠化治理地区之间构建起横向生态补偿模式提供制度支持。

（3）建立和完善喀斯特石漠化治理横向生态补偿模式的监督管理体系与动态调整体系，即解决"如何进行管理"的问题。具体来说，有如下几个方面：

①建立和完善喀斯特石漠化治理横向生态补偿模式的评估与监督管理体系，应该遵循公开、公正、公平的基本原则。这样一来，才可以保证喀斯特石漠化治理横向生态补偿模式的长时间实施。为了使得喀斯特石漠化治理横向生态补偿模式的评估结果和监督管理体系公正、公平，其相关的检查结果要及时向社会公布，并且接受人民群众的监督。同时，建立和健全与喀斯特石漠化治理横向生态补偿模式相关的动态监测指标体系、动态评价指标体系以及技术规范，而且还应该将其所得到的最终结论都归并至喀斯特石漠化治理各级政府的绩效考评里面。除此之外，还应该逐步发展起喀斯特石漠化治理横向生态补偿模式的统计信息发布制度，以适应时代发展的需要。

②构建双向对等、多元参加的喀斯特石漠化治理横向生态补偿模式评价体系和监测体系，以确保喀斯特石漠化治理横向生态补偿模式得到顺利的实施。首先，在这当中，应该表现出多元参加的特征。喀斯特石

漠化治理横向生态补偿模式的评价与监测，需要受偿者、上级政府、利益相关者、专业机构、补偿者、中介组织以及非利益相关者等一起参加，其最终的结果要及时向社会公开，以回应各方面的诉求，便于相互监督，进而得到更为科学的结论。其次，在这之中，还应该表现出双向性的特点，即要增加对喀斯特石漠化治理横向生态补偿模式之中，资金使用、受偿者所能够供应的生态产品的水平的监督管理。倘若受偿者所供应的生态产品数量或者是质量减小了，补偿者就应该得到受偿者的相应赔偿。最后，对于补偿者来说，其监督管理的重点在于能不能按照规定的时间和金额，将生态补偿资金调拨给受偿者。

③形成有所侧重与统筹兼顾的喀斯特石漠化治理横向生态补偿模式监督考察系统，以促使该项工作朝着高效化、简单化的方向发展。根据喀斯特石漠化治理实际工作的特点，应该加强对治理水土流失的面积、森林植被的覆盖率、水体质量的改善程度、林木的蓄积量以及退耕还林还草的面积等指标的考察力度，并且将其作为喀斯特石漠化治理横向生态补偿资金下拨的一个重要依据。

④探索能够促使动态调整和相对稳定之间，有效结合的喀斯特石漠化治理横向生态补偿长效机制。长期性是横向生态补偿模式的一个特点，所以，横向生态补偿模式的制度应该保持相对稳定，以符合受偿者与补偿者的长远需求。另外，喀斯特石漠化治理横向生态补偿模式，在不同的时期会面临不同的任务、不同的发展机会成本以及不同的生态环境保护和治理成本等，所以，喀斯特石漠化治理横向生态补偿机制应该表现出动态调整的特点。

（4）不断加大财政支持喀斯特石漠化治理横向生态补偿的力度。按照税、租、价、费的联动机制，将资源税税负提升到一个合适的水平，并且逐渐推动生态环境保护费改为生态环境税，以健全生态环境税的计征方式。同时，在我国的财政预算管理制度当中，增补喀斯特石漠化治理横向生态补偿科目，以将这一方面的资金纳入国家财政预算安排之中。

由此看来，实施横向生态补偿模式是支持喀斯特石漠化治理的又一个重要途径。

6.3　市场和政府有效融合的生态补偿模式①

党的十八届三中全会提出："要充分发挥市场在资源配置方面的决定性作用，更好发挥政府作用。"在此基础之下，对于喀斯特石漠化治理生态补偿而言，市场作用和政府作用应该实现有效的结合，重点在于对市场主体进行放权，以有利于充分发挥市场在资源配置方面起到决定性的作用。同时，科学划分政府作用在喀斯特石漠化治理生态补偿里面的界限，以有利于更好地发挥政府作用。具体来说，有以下的几点内容：

（1）对市场主体进行放权，以有利于充分发挥市场在资源配置方面的决定性作用。未来喀斯特石漠化治理生态补偿需要在市场经济的大背景之下进行，需要给予参与喀斯特石漠化治理生态补偿的组织或者是个人以经济自由权、产权等基本权利，以保障其可以顺利参与相关的市场经济活动。同时，价格机制是市场机制的关键，而商品的价值需要价格作为反映。因此，需要对喀斯特石漠化生态系统服务的价值予以科学评价，以推动喀斯特石漠化治理生态补偿市场机制的发展。为此，需要采取以下的途径和措施：

————————

①徐丽媛. 生态补偿中政府与市场有效融合的理论与法制架构［J］. 江西财经大学学报，2018（4）：111-122.

①确定喀斯特石漠化治理生态环境容量和生态产品的产权。对于喀斯特石漠化治理生态补偿的法律关系来讲，生态系统的服务行为、生态友好型产品、生态产品以及生态环境的容量等是其客体。在这当中，生态友好型产品是指已经通过了生态认证的私人物品，其产权明确。所以，在世界上，以生态认证、生态标志等形式进行的生态补偿，较为受欢迎。同时，喀斯特石漠化生态环境容量的物权属性也是比较清楚的，国家层面可以通过初始分配排污指标、限制排放温室气体、限制陡坡开垦以及限制乱砍乱伐林木资源等措施来明晰产权，以实现喀斯特石漠化治理生态补偿。

②延伸喀斯特石漠化治理生态产品的他物权权能。在完善生态补偿机制的过程当中，生态产品的重要性日益凸显，逐渐成为了经济社会发展之中的一个重要"新动力"。在这其中，生态产品的产出数量及其质量，又主要取决于自然资源的丰富程度。然而，一个不容忽视的事实就是：我国的喀斯特石漠化地区自然资源是有限的，并且能够提供的生态产品质量和数量也极为有限。从实施喀斯特石漠化治理生态补偿的目的来讲，既需要实现生态环境好转，也需要转变经济社会发展方式，以实现可持续发展。所以，这就会在很大的程度上，牵涉自然资源的高效利用。多年以来，我国政府对于自然资源都采取的是集体所有或者是国家所有，从而导致了政府型生态补偿的大量存在。实践研究表明：单独依靠政府型生态补偿是绝对不够的，还需要市场型生态补偿的积极参与。其中，"确权赋能"制度和他物权权能的作用很大。我们知道，产权是一系列权利的聚合体，而自然资源如果想要达到效用最大化的目标，则不一定需要使用私有产权的形式。结合我国的国情，在公有产权的大背景之下，通过延伸他物权权能，自然资源就能够实现效用最大化。

例如，邹秀清（2011）提出，对于任何一种相对独立的物权属性而言，使用、处分、收益以及占有基本权能，共同或者是部分构成了其财产权利（包含他物权、所有权）。而若干的权能支则是这几项基本职能的主要构成要素。同时，在这之中，处分权能有可能会涉及转包、出租、自愿返还、转让、入股以及互换等权能支。但是，随着经济社会的不断向前发展，有的行为将会致使自然资源他物权人的权利难以落实，所以，需要积极的探索，如抵押、合作以及转包等新的流转形式，以增加自然资源他物权之中的"继受取得"措施。除此以外，还应该加强对流转市场的监管，以最大的效率有偿使用自然资源，保护好生态环境，治理喀斯特石漠化。

③对于喀斯特石漠化治理生态系统的服务来讲，要以协商等形式实现生态补偿。这主要表现在喀斯特石漠化治理生态补偿的受偿者与补偿者之间的对口协作、人才培养、产业转移、直接市场交易以及共同建立产业园区等层面。在此，需要特别说明的是：喀斯特石漠化治理生态补偿是一项综合性的工程，多元综合处理模式运用在其上面比较适合。所以，对于产权明晰的物品来讲，推动喀斯特石漠化治理市场生态补偿发展的基础就是安排准物权或者是界定产权；反之，则采取协商机制或者是"确权赋能"制度。另外，还应该保证喀斯特石漠化治理生态补偿的经济自由权。经济自由是发展市场经济的基础性条件之一，其含义宽广，主要表现为财产自由、职业自由、贸易自由、市场自由、契约自由、经营自由以及竞争自由等内容。经济自由权的本质主要在于国家层面应该保护和尊重市场主体的意志、获取利益的动机及其行为的客观化，而且还要去掉公权力有可能会恣意侵犯的资格或者是能力。

在市场化的喀斯特石漠化治理生态补偿当中，经济自由主要表现在：

①降低成为喀斯特石漠化治理生态补偿市场主体的"门槛"。当

前，我国的生态补偿主要是在国家财政支持之下进行的。从长远来看，这是不符合时代发展要求的。因而，应该鼓励中央政府、村委会、地方政府以及农民等喀斯特石漠化治理的直接利益相关者，人民群众与企业等喀斯特石漠化治理的潜在利益相关者，科研机构、新闻媒体、环境保护组织以及中介组织等喀斯特石漠化治理的非直接利益相关者，积极参与喀斯特石漠化治理生态补偿。

②在喀斯特石漠化治理生态补偿市场当中，实现生态服务与生态产品的交换价值。进入市场的权利，是喀斯特石漠化治理地区生态服务与生态产品里面，交换价值最为集中的显示之处，需要应用法律的手段，促使喀斯特石漠化治理生态补偿自由市场的形成。

③保障喀斯特石漠化治理契约的自由。众所周知，契约自由的实现，有赖于契约精神。而契约精神又是经济社会发展当中，任何一项事业顺利发展的"基石"与关联点。有利于喀斯特石漠化治理生态补偿当中的各方统一思想，减小后期的相关交易费用。为此，需要特别说明的是：喀斯特石漠化治理生态补偿的契约精神既能够由其各方主体之间自主的决定，也能够通过政府等公共机构的指导、监督完成，力求做到全过程公平、合理、科学。

（2）科学划分政府作用的界限，以有利于更好地发挥政府作用。更好地发挥政府作用的重点在于科学划分政府作用的界限，使得政府能够有所不为、有所为。针对喀斯特石漠化治理生态补偿来说，主要有以下的解决措施。

①政府层面。实施市场化的喀斯特石漠化治理生态补偿模式是极其复杂的，需要财政、科学技术、专业人才以及谈判专家等支持，而政府机构则是满足这些条件的关键，主要表现在：提供财政资金支持、制定规章制度、促进与其他地区的交流与合作、引进人才、组织实施以及监

督执行等层面。

②市场层面。根据喀斯特石漠化治理生产出来的物品的竞争性与排他性特点，通常将其划分为公共物品、公共池塘类物品、私人物品以及俱乐部物品等类型。而传统的生态系统服务是公共物品理论的一个重要组成部分，逐渐形成了比较独立的科斯型生态补偿方案和庇古型生态补偿方案。然而，近些年来，随着"公共池塘资源理论"的提出，其替代了传统的公共物品理论，从而得到了更多学者的推崇。该理论认为："很少有不是'私有的制度'就是'公共的制度'，或者是不是'国家的'制度就是'市场的'制度。很多这一方面成功的案例，都成为了'有公有特点'的制度和'有私有特点'的制度混合。"

所以，在喀斯特石漠化治理过程中，以商品形式出现的生态产品，应该通过市场机制进行生态补偿；以公共物品形式出现的生态产品，应该通过中央政府层面进行专项的生态补偿；以俱乐部形式出现的生态产品，应该通过地方政府层面进行生态补偿；而以公共池塘资源形式出现的生态产品，则应该通过社会组织与市场交易等途径进行生态补偿。

实际上，在喀斯特石漠化治理生态补偿之中，市场和政府之间应该是相互影响、相得益彰的，通过减小交易成本，以增加市场和政府之间的融合效率。其中，政府型生态补偿应该强化使用市场工具的力度，如未来中央政府层面喀斯特石漠化治理财政转移支付的数量，应该考虑到喀斯特石漠化的等级及其能够提供的生态服务价值等因素。而市场型生态补偿则应该对政府作用予以一定程度的制约，对于产权可以被清楚划定的领域，政府的作用应该是聚焦于"搭建"一个合适的交易"平台"。同时，还应该设立喀斯特石漠化治理生态补偿专项基金，并且使用契约精神、预算制度以及第三方估算和评价等措施进行运作、管理，以切实提升喀斯特石漠化治理生态补偿基金的使用效率。

由此观之，政府和市场有效融合的生态补偿模式也可以为喀斯特石漠化治理助"一臂之力"。

6.4　本章小结

本章提出了喀斯特石漠化治理生态补偿的三种运作模式：横向生态补偿模式、纵向生态补偿模式、政府和市场有效融合的生态补偿模式。因此，应该进一步完善其具体实施的举措。

第七章 推进喀斯特石漠化治理生态补偿的对策建议

在党的十九大报告当中，明确地提出了："要加大对边疆地区、少数民族地区、贫困地区以及革命老区的支持力度，以实现其快速的发展。"同时，这些地区在国家区域协调发展的战略规划之中，也处于极为重要的地位。然而，目前，我国的少数民族地区仍然是区域协调发展与全面建成小康社会的重点和难点之所在，并且经济社会的发展不充分、发展不平衡问题突出，脱贫攻坚的任务繁重，① 面临着经济社会发展和生态环境保护之间的矛盾。

当前，中国特色社会主义已经进入新时代，从一方面来看，社会的生产力水平得到了很大的提升，人民群众的生活水平得到了很大的提高。同时，人民群众也形成了多层次、多元化以及多方面的新期待、新要求；而从另一个方面来看，我国的生态环境基础则比较差，人均资源的占有数量非常低，生态生产力的发展水平明显不足。② 所以，在新时代整个国家层面的发展大格局里面，少数民族地区的战略地位非常重

---

① 郑长德，钟海燕，龚贤 . 新时代支持民族地区加快发展的政策选择 [J]. 民族学刊，2018 (1)：1-8.

② 胡鞍钢，程文银，鄢一龙 . 中国社会主要矛盾转化与供给侧结构性改革 [J]. 南京大学学报（哲学·人文科学·社会科学），2018 (1)：5-16.

要，不断加大支持少数民族地区发展的力度，已经成为了习近平新时代中国特色社会主义思想之中的一个重要内容。[①]

在我国喀斯特石漠化分布的省、直辖市、自治区当中，绝大多数都属于少数民族地区。在治理喀斯特石漠化问题的时候，不仅仅要达到生态环境变好的目标，也要促进经济社会实现可持续发展。由于喀斯特石漠化治理是一项系统性、长期性、综合性、复杂性、社会性以及公益性的生态环境保护工程，有的地区就不得不牺牲一系列的发展机会。因此，就有必要开展生态补偿工作，以保证拥有重要生态环境功能的某一些少数民族地区可以得到制度性、长期性的生态红利。[②]

通过对贵州省黔西南布依族苗族自治州喀斯特石漠化治理生态补偿指标体系的构建、生态补偿标准的仿真测算以及深度调研等，本论文便可以获知喀斯特石漠化治理生态补偿所需要的资金数量是非常大的。因此，应该协调推进如下的措施，以切实提高贵州省黔西南布依族苗族自治州等喀斯特石漠化地区，生态补偿的针对性和实效性。

7.1 不断加大定向性财政的支持力度

我们知道，生态补偿主要是在国家财政资金支持之下进行的。所以，首先需要不断加大财政支持贵州省黔西南布依族苗族自治州等喀斯特石漠化地区的力度，从而为生态补偿工作的顺利开展，打下牢固的基础。

喀斯特石漠化地区不仅仅是生态环境恶劣的地区，而且也是经济社会发展落后的地区。为了实现经济社会可持续发展，喀斯特石漠化治理

---

① 郑长德，钟海燕，龚贤. 新时代支持民族地区加快发展的政策选择 [J]. 民族学刊，2018 (1)：1-8.
② 郑长德，钟海燕，龚贤. 新时代支持民族地区加快发展的政策选择 [J]. 民族学刊，2018 (1)：1-8.

需要产业作为支撑，再加上，由于喀斯特石漠化治理又是一项综合性、长期性、系统性、复杂性、社会性以及公益性的生态环境保护工程，财政支持理应充当"主力军"的作用。因此，基于前瞻性、长远性、可持续性以及统筹协调性等层面的考虑，今后喀斯特石漠化治理生态补偿在财政支持方面的举措，应该主要"定位"于农业发展治理措施、林业发展治理措施、PPP模式以及水利建设治理措施，以实现喀斯特石漠化治理和经济社会发展紧密相连，真正将喀斯特石漠化治理生态补偿成果惠及更多的人民群众，进一步激发其参与生态文明建设的积极性。具体来说，有以下的几点内容。

7.1.1　基础性水利建设治理措施

见表3-6，总体来看，黔西南布依族苗族自治州的降水量是较为充沛的，然而，从不同的季节来看，降水量却又是大不相同的。再加上，在喀斯特环境当中，形成土壤的时间非常漫长，土壤层不连续、浅薄，大概需要耗费4000多年的时间才能够形成1厘米的土壤层，地形山高、坡陡、地表崎岖、破碎，地下发育有溶隙、暗河、漏斗、溶洞等因素。因而，当降水降落到地表上面之后，很快就会转入至地下的深处。此时，要想开发、利用这些水资源，已经变得非常困难了，从而造成了水土保持工作难以开展、进行农业生产活动严重缺少必要的水土资源。同时，涵养水源等能力对于喀斯特石漠化地区来讲，也是非常不理想的。所以，该区域往往会发生旱灾、涝灾、动物和人类用水困难、水土流失等生态环境问题。最后，致使喀斯特石漠化的形成。这样一来，从根本上说，不仅给喀斯特石漠化地区人民群众赖以发展与生存的基础、农业的可持续发展造成了极大的威胁，而且还会影响到珠江流域中下游地区和长江流域中下游地区等区域范围的生态环境安全。①

由此观之，基础性水利建设治理措施就是喀斯特石漠化治理工程当中的"重中之重"。"水是生命之源"。当基础性水利建设治理措施顺利实施以后，就能够为喀斯特石漠化治理之中其他工作的顺利开展，提供很大的便利。

因此，应该不断加大对基础性水利建设工程项目，如谷坊、引水渠、排涝渠以及小水窖等财政支持的力度。除此而外，在进行喀斯特石漠化治理生态补偿工作的时候，还应该积极动员、并且鼓励已经得到了国家财政补助资金的喀斯特石漠化地区居民，将这些资金用于上述的基础性水利工程建设项目，以提升喀斯特石漠化治理的实际成效。同时，还会对人均GDP 的增长，起到一定的促进作用。

7.1.2　植被保护与建设治理措施

如前所述，对于喀斯特环境而言，由于土壤层不连续、浅薄，导致土壤形成的时间非常漫长，大概需要花费4000 多年的时间才可以形成1 厘米的土壤层；而且因为降水难以保存在地表，所以此时，要想开发、利用这一些水资源，已经变得非常困难了，从而导致了水土保持工作难以开展。水土保持工作难以开展的一个后果就是水土流失严重。在造成水土流失的众多原因当中，地表径流的产生和土地缺少植被的保护，就是非常重要的影响因素。同时，该区域的土壤剖面没有 C 层（过渡层），而且基质碳酸盐母岩和上层的土壤之间的界面还是软、硬相兼的，致使各岩土之间的黏着力和亲和力降低了很多。这样一来，如果遇到降水量大于正常值的情形，就容易形成"水土流失严重—喀斯

---

① 刘肇军 . 贵州石漠化防治与经济转型研究［M］. 北京：中国社会科学出版社，2011：118-119.

特石漠化—生态环境恶化"的恶性循环。[①] 由此来看,喀斯特石漠化的形成就是水土流失发生、发展的一个最终结果。[②] 而通过地被物持水、截留,提高林地土壤的渗透水平以及蒸腾等作用,森林可以非常有效地减小地表径流,并且降低土壤的侵蚀水平,治理水土流失和喀斯特石漠化。例如,对于贵州省黔南布依族苗族自治州荔波县的茂兰喀斯特森林地区来讲,因为森林植被茂密,所以,产生地表径流、喀斯特石漠化、水土流失等负面现象的情况,相对于其他的地区来说,就较为少见。由此观之,喀斯特森林的水土保持功能良好,[③] 能够有效地治理喀斯特石漠化、水土流失等生态环境问题。

结合上述的实证分析过程与实地调研,本论文便可以得出:对于贵州省黔西南布依族苗族自治州等喀斯特石漠化地区来说,在财政支持喀斯特石漠化治理方面,应该重点针对防护林建设和经济林建设等内容。而对于生态补偿支持喀斯特石漠化治理方面,则应该重点关注封山育林。在实施封山育林以后,当地的人民群众就失去了很多的发展机会。所以,通过生态补偿,既能够给予他们一定程度上的经济补偿,而且还可以调动他们参与生态环境保护的积极性,带动农村居民人均可支配收入、人均GDP的增长。除此之外,从整个国家的层面来讲,建议将喀斯特石漠化地区当中的所有坡耕地,都归并到中央财政支持政策里面的退耕还林项目之中,以享受相关的优惠政策,如财政补贴等,进一步巩固好治理喀斯特石漠化的效果。[④]

---

①罗绪强,王世杰,张桂玲,等.喀斯特石漠化过程中土壤颗粒组成的空间分异特征 [J].中国农学通报,2009 (12):227-233.

②魏兴萍,袁道先,谢世友.西南岩溶区水土流失与石漠化的变化关系研究——以重庆南川岩溶区为例 [J].中国岩溶,2010 (1):20-26.

③但文红.石漠化地区人地和谐发展研究 [M].北京:电子工业出版社,2011:33.

④杜鹰.与自然和谐相处:岩溶地区石漠化综合治理的探索与实践 [M].北京:中国林业出版社,2011:54.

7.1.3 特色农业发展治理措施

在研究我国任何一种问题的时候，基本上都会涉及农村地区，更是会牵涉到人口数量众多的主要从事农业生产活动的农民。[1] 在研究喀斯特石漠化治理生态补偿指标体系构建、标准测算、运行模式和对策建议等内容的时候，同样也是如此。因为喀斯特石漠化问题主要是发生在农村地区，而且农民、农业又分别是喀斯特石漠化治理之中的一个重要参与者、主导产业。同时，发生喀斯特石漠化问题的地区，绝大部分也都属于少数民族聚居的地区，喀斯特石漠化治理会在很大的程度上，触及少数民族问题。而我国的少数民族问题又是与"三农"问题，密切相关联的。[2] 由此看来，由于农业、农民、农村以及少数民族问题之间是相互关联、相互影响的，因此，在进行喀斯特石漠化治理、恢复生态环境的同时，也需要高度重视农业的发展，高度重视农业在国民经济发展当中的基础性地位，以促进经济社会实现可持续发展和各民族的繁荣发展。

结合上述的实证分析过程和实地调研，本论文便可以得出：贵州省黔西南布依族苗族自治州等喀斯特石漠化严重地区应该重点发展特色农业，尤其是畜牧业之中的草食畜牧业。（草食）畜牧业不仅仅是一种能够有效治理喀斯特石漠化的产业，而且还可以在比较短的时间之中，促进当地人民群众的收入水平得以提升，以实现经济社会发展和生态文明建设的"共赢"。[3] 因而，应该不断加大对棚圈建设、青贮窖以及坡改梯等，具有保持土壤肥力、保护水土资源工程项目的支持力度，以实现

---

①费孝通，刘豪兴. 中国城乡发展的道路 [M]. 上海：上海人民出版社，2016：116.
②杨昌儒. 加快城镇化建设，着力推动少数民族发展 [J]. 贵州民族研究，2011（5）：94-99.
③熊康宁，李晋，龙明忠. 典型喀斯特石漠化治理区水土流失特征与关键问题 [J]. 地理学报，2012（7）：878-888.

转变传统的经济社会发展模式、促进农业的增收与增产、高效治理喀斯特石漠化的目的。同时，这对于农村居民人均可支配收入的促进作用，也是较为明显的。除此之外，在进行喀斯特石漠化治理生态补偿工作的时候，也还是应该积极动员，并且鼓励已经得到了国家财政补助资金的喀斯特石漠化地区居民，将这一笔资金用于上述的农业发展治理措施，以提升喀斯特石漠化治理的实际成效。

另外，根据上述的实证分析过程和实地调研，本论文还能够发现：从区域的层面进行考察，在黔西南布依族苗族自治州等喀斯特石漠化地区周围，往往存在着一些生态环境恶劣的区域，这些区域会对喀斯特石漠化治理，产生了非常大的负面影响，如黔西南布依族苗族自治州下辖的普安县和兴义市，他们在受到了周围区域恶劣生态环境干扰的同时，还坚持开展喀斯特石漠化治理，为珠江流域中下游地区和长江流域中下游地区的生态环境安全，做出了非常大的贡献。所以，他们应该得到国家层面给予的任何形式的财政支持和生态补偿，如项目支持、资金支持、技术支持、人才支持以及政策支持等，以实现创新发展、绿色发展、共享发展、开放发展、协调发展。

7.1.4 "农业+林业"的社会资本和政府合作模式（PPP模式）

所谓的社会资本和政府合作模式（PPP模式）是指在公共基础设施建设领域，社会资本和政府之间应该按照"风险共担、平等协商、利益共享、公平合理、契约精神、全程合作"等基本原则进行运作，以实现各方互利共赢。同时，PPP模式还具有广义层面和狭义层面的含义。从广义的视角上看，其是指在私营部门和政府部门合作的过程之中，后者应该让前者掌握必备的资源，以有利于前者提供更多、更好的公共服务与公共产品。从狭义的视角上看，其是指政府部门需要对公共基础设施建设项目的后期、中期予以更深、更多的关注，而私营部门则应该对公共基础设施建设项目的立项、前期、研究等阶段予以更深、更多的关注。除此以外，PPP 模式的特点如下：①交易的结构比较复杂；②参与的主体融合了私营部门与公共部门；③合作的领域主要是聚焦于提供公共服务、市政工程建设以及公共基础设施建设等项目；④在项目运作的过程当中，利益共享与风险分担之间需要统筹兼顾。①

近几年来，PPP 模式得到了各级政府的积极推行，主要原因在于：其减少了各级政府的财政压力，特别是当各级政府背负了沉重债务压力的时候，PPP 模式的推行力度会更大。除此之外，PPP 模式也有利于对冲经济下行压力、倒逼有效投资，以实现国家层面的治理改革创新。更为重要的是：在当前依法治国的大背景之下，PPP 模式还有助于提高公共利益、人民群众的幸福感和获得感等。②

喀斯特石漠化治理生态补偿是一项系统性、长期性、综合性、复杂性、社会性以及公益性的生态环境保护工程，需要鼓励社会资本积极参与，以形成"财政支持+社会资本"的"合力"。其中，农业和林业是非常重要的。在此背景之下，贵州省出台了《关于农业和林业领域政府和社会资本合作实施方案（试行）》。其中，对于喀斯特石漠化治理，该文件明确地提出了："要根据有关的建设标准，以绿色生态农产品生产作为指引，积极发展消费者认可度高、市场前景好的特色经济林、特色畜牧业、木本油料以及林下经济，加快建成一批标准化、规范化的养殖和种植基地，有效激活各类草地、森林等生态资产。对于这一方面的 PPP 项目来说，政府层面应该给予投资补助支持，其比重不能

---

① 龚鹏程，臧公庆 . PPP 模式的交易结构、法律风险及其应对 [J]. 经济体制改革，2016（3）：144-151.

② 欧纯智，贾康 . PPP 在公共利益实现机制中的挑战与创新——基于公共治理框架的视角 [J]. 当代财经，2017（3）：26-35.

够大于该项目总投资的一半，社会资本方的投资数额需要按照相同的比例进行，并且负责该项目的管理、建设以及运作。同时，村民和该项目之间的利益要紧密相连，政府投资补助资金应该按照合同的规定，及时、准确地拨付给村集体及其成员（前者可以留存 10% 至 20% 的资金）。村集体经济及其成员、农民合作社等，还能够以'三变'改革作为依托，以资源、土地或者是资金等形式，入股到 PPP 模式之中，并且根据股权以获得该项目的利润。"由此看来，这种方案可以为喀斯特石漠化治理生态补偿提供资金支持。

除此之外，对于喀斯特石漠化治理当中的基础性水利建设等基础设施建设类项目来讲，政府部门应该逐渐引导社会资本以 PPP 模式，并且按照"谁投资，谁就能够得到利益"的基本原则，进入其中，形成"农民是主体力量，政府部门是主导力量，而社会是补充力量"的投资多样化格局，[①] 以达到丰富资金来源，支持喀斯特石漠化治理生态补偿的目的。考虑到地方财政资金紧张、喀斯特石漠化治理的艰巨性以及《中华人民共和国民族区域自治法》第 56 条的规定"国家在少数民族自治地方安排基础设施建设，需要少数民族自治地方配套资金的，根据不同情况给予减少或者是免除配套资金的照顾"等实际情况，建议该类项目的投资补助比例可以占到项目总投资的50%以上。而且，珠江流域中下游的喀斯特石漠化治理受益地区如广东省等，应该通过生态补偿、合作建立产业园区等方式提供资金补助。为了鼓励社会资本方的参与积极性，可以不要求其按照相同的比例注入资金，并且该项目的后续经营、管理仍然会由其负责。这同样可以为喀斯特石漠化治理生态补偿筹集资金。

---

①刘石成. 我国农田水利设施建设中存在的问题及对策研究 [J]. 宏观经济研究, 2011 (8): 40-44.

总而言之，生态补偿主要是在国家财政支持之下进行的，财政支持是喀斯特石漠化治理生态补偿实施过程当中的最关键"一环"。

7.2　不断加大普惠金融的支持力度

金融业是经济社会发展的"血液"，[①] 而银行业、保险业、证券业又是金融业之中的"三驾马车"。当前的金融系统还不能够完全覆盖经济社会发展的任何一个角落，因此，"普惠金融"的概念应时而生。其最早由联合国于 2005 年提出，是指为社会当中有金融服务需求的，而且还正处于弱势状态的个体、产业或者是群体，特别是农民、农业、低收入者、农村以及小微企业等，提供科学、有效、合理的金融支持，以实现经济社会可持续发展。在这之中，金融机构所提供的金融服务的成本，必须是其能够承担的。[②] 在喀斯特石漠化治理生态补偿的实施地域当中，绝大部分都属于少数民族地区、边境地区、革命老区以及贫困地区，面临着经济社会发展和保护生态环境的双重压力，故而，符合普惠金融支持的范围。所以，普惠金融可以为喀斯特石漠化治理生态补偿提供资金支持。

见附表 1，贵州省黔西南布依族苗族自治州金融业的发展现状，表现出了以下的特点：①政策性金融机构只有中国农业发展银行；②四大国有商业银行、地方商业银行、农村信用社、邮政储蓄银行以及国有保险企业等，占据了其金融市场的"半壁江山"；③其他类型的金融机构主要是以贵州省和本地的作为主导；④金融机构基本上覆盖了州内的绝大部分地区；⑤资本市场的发展初具规模；⑥小额贷款公司的数量比较

①王洋天，郑玉刚. 基于改革开放 40 年的中国金融业对外开放实践和启示 [J]. 贵州社会科学，
　2018（9）：11-17.
②吴国华. 进一步完善中国农村普惠金融体系 [J]. 经济社会体制比较，2013（4）：32-45.

多。由此观之，与其他发达地区相比较，当地的金融业发展水平还比较滞后，应该采取如下的措施发展普惠金融，以加强金融支持喀斯特石漠化治理生态补偿的力度。

首先，不断加大优惠信贷的支持力度。对有利于喀斯特石漠化治理生态补偿的贷款申请者而言，金融机构（主要包括中国农业发展银行、国有商业银行、地方商业银行、农村信用社、邮政储蓄银行等）和小额贷款公司应该给予如小额贷款等优惠信贷支持。在此，需要特别说明的是：政策性银行业金融机构提供的贷款绝大部分都是出于政策性层面考虑的，从理论上看，其利率通常比商业银行低。但是，政策性金融机构对于项目的要求，往往会比商业银行高。而很多的商业银行却对如PPP项目等，给予了比较低的贷款利率，有时候甚至会给予基准利率作为贷款利率，加之其还会提供周到、热情的服务，所以，除非政策性金融机构能够提供特别优待的贷款利率以外，投资者一般会更"青睐"于从商业银行寻求信贷资金支持。[①] 在这其中，喀斯特石漠化治理生态补偿类项目难以达到政策性金融机构的要求，如当农户以林木资源作为担保物或者是抵押物申请贷款的时候，因为林木资源受到自然灾害等外部环境影响的可能性非常大，容易遭受到严重的损失，所以，政策性金融机构出于防控风险等层面的考量，往往就会拒绝该类贷款的申请。再加上，政策性金融机构难以提供特别优惠的贷款利率，因此，政策性金融机构很难为喀斯特石漠化治理生态补偿提供大力的支持。而国有商业银行、地方商业银行、农村信用社、邮政储蓄银行和省内的其他类型金融机构，却由于其数量比较多，加之能够提供比较优惠的贷款利率和热情、周到的服务，因此，理应成为金融支持喀斯特石漠化治理生态补偿之中的"主力军"。同时，当地政府也应该继续向国家有关部门申请世

①余文恭．PPP模式与结构化融资［M］．北京：经济日报出版社，2017：254-255.

界银行贷款、亚洲基础设施投资银行贷款、亚洲银行贷款等国际信贷支持，为喀斯特石漠化治理生态补偿提供资金保障。

其次，利用资本市场筹集资金。具体来说，有如下几点：

（1）当地应该考虑设立喀斯特石漠化治理生态补偿创业投资基金，以集聚发达地区之中的各类闲散资金，并且作为股权投资资金，在专门用于支持喀斯特石漠化地区具有良好发展前景企业的同时，还为其提供一定的增值服务，加快其获利的步伐。这样一来，不仅仅实现了资本市场与喀斯特石漠化治理生态补偿产业之间的有效融合，解决了喀斯特石漠化治理生态补偿资金不足的困境，还可以为资本市场推荐较为优质的上市企业。[1]

（2）利用资产证券化融资模式（ABS 融资模式），为喀斯特石漠化治理生态补偿筹集资金。在国家担保的条件之下，其投资风险就相对较小，从而既可以激发投资者参与喀斯特石漠化治理生态补偿的热情，又可以为退休养老基金、互助基金、社会保障基金以及保险基金等机构投资者，"搭建"起一个良好的投资"平台"。[2]

（3）国家层面应该给予喀斯特石漠化治理地区当中，各方面都具有优势的企业，在上市发行股票、进行股份制改革的时候，予以相应的政策优惠。同时，鼓励他们发行生态环境保护类债券，并且主要是针对退耕还林还草、防治水土流失、植树造林等与喀斯特石漠化治理相关的领域，从而为喀斯特石漠化治理生态补偿筹集资金。[3]

再次，不断加大保险资金的支持力度。保险不仅仅有利于从不同的层面提升人民群众的生活水平，[4] 而且在帮助参与喀斯特石漠化治理的

---

① 郑长德. 中国西部民族地区生态补偿机制研究 [J]. 西南民族大学学报（人文社科版），2006 (2)：5-10.

② 郑长德. 中国西部民族地区生态补偿机制研究 [J]. 西南民族大学学报（人文社科版），2006 (2)：5-10.

③ 郑长德. 中国西部民族地区生态补偿机制研究 [J]. 西南民族大学学报（人文社科版），2006 (2)：5-10.

④ [美] 罗伯·席勒. 金融与美好社会 [M]. 林丽冠，译. 台北：远见天下文化，2014：124.

个人或者是企业规避风险的同时，还能够扩大其经营规模和业务水平，从而更好地为喀斯特石漠化治理生态补偿"保驾护航"。

最后，大力发展喀斯特石漠化治理生态补偿信托业务也是必须的。其主要包括：

（1）设立喀斯特石漠化治理生态补偿信托投资。国家层面应该设立喀斯特石漠化治理生态补偿信托投资，并且指导投资者能够及时、有效地将该资金投入喀斯特石漠化治理生态补偿产业之中，以促进该领域的相关成果可以被进一步研发、运用、推广。在这里面，国家有关部门应该将该基金的投资聚焦于股票、债券等形式，而且还要向投资者开具受益证明，以保障其获利的权利。[①]

（2）开展喀斯特石漠化治理生态补偿信托租赁，即由喀斯特石漠化治理企业租赁相关的设施或者是设备，也可以通过信托部门购进了以后再进行租赁，[②] 以解决喀斯特石漠化治理企业资金不足的矛盾，为喀斯特石漠化治理生态补偿筹集更多的资金。

7.3 其他的支持措施

喀斯特石漠化治理生态补偿是一项系统性、综合性、长期性、社会性、公益性以及复杂性的生态环境保护工程，除了需要协调推进上述的措施以外，还需要持续实施如下的举措，以为喀斯特石漠化治理生态补偿提供坚强的后盾。

---

①郑长德. 中国西部民族地区生态补偿机制研究 [J]. 西南民族大学学报（人文社科版），2006（2）：5-10.

②郑长德. 中国西部民族地区生态补偿机制研究 [J]. 西南民族大学学报（人文社科版），2006（2）：5-10.

7.3.1 不断加强兼具区域性和行业特色的法制建设

历史上的事件表明创新法律制度的"动力"——危机。当今的世界是利益冲突型的，而法律则是最具有权威性的人类社会的规范体系与价值体系。法律不仅仅拥有政治社会的制度机制与组织系统的运用属性，而且还具有哲学方面的精神关怀与终极追求。[①] 立足于喀斯特石漠化治理生态补偿的长期性、系统性和利益复杂性，国家层面有必要将与此有关的关键性内容，以法律、法规等形式确定下来，并且予以保障。其主要包括：

第一，通过立法明确喀斯特石漠化治理生态补偿的主体、客体。在喀斯特石漠化治理生态补偿运行的过程当中，通过立法明确其主体、客体非常重要，尤其是其主体在这之中比较活跃，应该予以重点分析。

（1）喀斯特石漠化治理生态补偿的主体。对于我国来说，调整对象是各法律部门之间的主要划分标准。为了明确其法律关系主体，法律通常都会事先设定一种抽象的标准条件。故而，本论文首先应该说明生态补偿法律关系里面的主体。所谓的"生态补偿法律关系主体"是指在生态补偿的法律关系里面，法人与自然人等拥有民事行为能力的主体。在生态补偿的实践活动当中，主要是指受偿主体与补偿主体，并且能够按照"谁保护、谁开发，谁补偿、谁受益"的基本原则进行确定。其中，补偿主体是指承担相应义务的一方，主要包含：在生态补偿的实践活动当中，因其行为而需要承担相应义务的法人、自然人、其他组织以及各级政府等。这里的"行为"既能够指代行为人开发、利用生态环境及其资源而破坏了的生态环境系统，也能够指代在这过程之中，所取得的额外收益。因此，主体就有义务通过某一种形式以弥补生态环境

---

①涂永前. 碳金融的法律再造［J］. 中国社会科学，2012（3）：95-113.

系统里面的其他利益受损方，或者是通过经济补偿、恢复生态环境等途径和措施，以补偿由于破坏生态环境而利益遭到了损失的主体。受偿主体主要包含：①行为人在开发、利用、治理生态环境及其资源的过程之中，生态环境的质量减小或者是为了抑制这种趋势，并且响应国家生态文明建设号召，所做出的某一些牺牲行为，从而导致直接利益遭到了损失的主体。因此，国家层面应该予以其补偿。②行为人主动响应国家生态文明建设的号召，并且已经做出了某一些有利于保护、高效利用生态环境及其资源的举措，从而增加了其他的生态系统服务价值与功能。因而，作为生态环境所有权人的集体或者是国家，应该给予其补偿，包含但不会仅限于金钱补偿、政策支持等手段。①

（2）喀斯特石漠化治理生态补偿的客体。生态补偿的保护对象是生态环境系统，而这又是需要通过转变人类的行为和活动实现的。人类是生态环境系统里面最为活跃的一个要素，并且对生态环境系统具有很深的影响。同时，人类也是生态环境系统里面，最为脆弱的一个部分，生态环境系统发生任何"风吹草动"，都会对人类的生存和发展产生重大影响。所以，在生态补偿的实际工作之中，通常会采取植树造林、退耕还林还草等措施，制约或者是鼓励人类的行为和活动，以保护好生态环境，促进经济社会实现可持续发展。②

在此，需要特别说明的是：如前所述，由于喀斯特石漠化治理生态补偿既属于一般意义上的生态补偿，又属于经济社会发展和生态环境保护等范畴。由此看来，上述的分析也是符合喀斯特石漠化治理生态补偿实际情况的。这样一来，喀斯特石漠化治理生态补偿就具备了开展实践的必要条件和重要前提条件。

---

①史由甲，刘晓莉. 生态补偿法律制度的几个理论问题 [J]. 长春师范大学学报，2018 (9)：46-50.
②史由甲，刘晓莉. 生态补偿法律制度的几个理论问题 [J]. 长春师范大学学报，2018 (9)：46-50.

第二，不断建立和健全喀斯特石漠化治理生态补偿的管理、监督机制。各级政府部门应该按照法律、法规等所规定的权限，各司其职，通力合作，共同做好相关的工作。同时，不断强化对地方主要领导干部的问责制度。从一定程度上来说，搞好喀斯特石漠化治理生态补偿，关键在于领导干部。强化对其问责制度，可以减少一系列违法、违纪行为的发生，并且及时采取措施弥补喀斯特石漠化治理生态补偿可能会导致的负面影响。还应该从资金使用的实际效果、用途以及与此相关的资料保管等层面，不断完善喀斯特石漠化治理生态补偿的资金管理制度。要实行专款专用，在没有得到上级主管部门同意的情况之下，任何个人与单位都没有任何权利，随意改变资金的用途，更不能够挪用或者是截留这一笔资金。审计、财政、林业、纪检监察、农业、发改委以及水利等部门，也应该定期或者是不定期对这些资金进行审查，以防止资金被用于其他的不法行为。

另外，未来喀斯特石漠化治理生态补偿的发展趋势，必定是以国家财政支持作为主导，并且逐渐引入市场化运作手段，其运作模式大致可以划分为个体承包型、政府主导型以及企业化运作型。其中，政府主导型的特征是：利、责、权等不清楚，还容易滋生寻租、腐败行为；个体承包型虽然可以破解政府主导型的某些缺点，但是，也会受到技术、资金以及市场竞争等因素的制约；而只有企业化运作型才比较适合。①

所以，今后国家层面在制定这一方面的法律、法规的时候，应该在明确按照生态补偿标准定期下拨喀斯特石漠化治理资金的同时，突出支持"企业化运作模式"发展的内容，而且还要明确在喀斯特石漠化治理生态补偿之中，应该给予其具体的支持措施与政策，从而达到生态环

---

①乔兴旺. 石漠化防治法律制度模式研究［J］. 昆明理工大学学报（社会科学版），2009（9）：37-42.

境效益、社会效益、经济效益等"多丰收"的结果。

第三，不断充实和细化有利于市场和政府有效融合的喀斯特石漠化治理生态补偿法律体系。未来喀斯特石漠化治理生态补偿必定会在国家全面深化改革的大环境之中运行，其重点就在于妥善处理好市场和政府之间的关系。而通过法律体系厘清市场和政府之间的关系，就是这其中的关键"一步"。虽然从原则上看，《环境保护法》规定了市场型生态补偿模式与政府型生态补偿模式，但是，在内容上，二者却没有表现出相互融合的意思。① 因此，为了促进喀斯特石漠化治理生态补偿又好又快发展，国家层面应该按照如下的思路，加紧研究、制定新的《生态补偿条例》，并且化解其中所隐藏的矛盾。具体来说，可以从以下几点入手：

（1）明确在追求社会福利和效率最大化的同时，兼顾可持续发展、公平发展。一般而言，生态补偿的立法目标往往可以被归纳为实现经济社会可持续发展、生态环境保护、推进生态文明建设等内容。相应地，其立法重点就应该突出政府主导型生态补偿模式。为了实现政府与市场有效融合的喀斯特石漠化治理生态补偿模式，就需要借鉴多重社会目标主义理论。喀斯特石漠化治理生态补偿属于已经纳入法律调整的社会关系类型之一，发生在生态系统服务的提供方与受益方之间。其中，政府型生态补偿模式是以财政转移支付占据主导，带有命令、强制性的意味，从而导致其具有浓厚的行政关系"色彩"；而市场型生态补偿模式则突出了生态系统服务价值里面的主体关系平等性与经济交易关系。如果要实现二者有效融合，就应该重新将喀斯特石漠化治理生态补偿定位为社会性与经济性兼具的生态环境保护举措。在此，后者是指喀斯特石

---

①徐丽媛. 生态补偿中政府与市场有效融合的理论与法制架构［J］. 江西财经大学学报，2018（4）:111-122.

漠化治理生态补偿需要按照市场经济的客观规律运行，尤其是要遵循契约精神。而前者是指喀斯特石漠化治理生态补偿也需要借助政府的行政命令，以更好地维护社会公共利益，尤其是要遵循合法性。这样一来，喀斯特石漠化治理生态补偿就可以有效融合政府模式和市场模式，并且具有法定属性和约定属性。在这之中，喀斯特石漠化治理政府型生态补偿模式还会考虑到其生态系统服务的价值、级别及其提供方的约定义务；而喀斯特石漠化治理市场型生态补偿模式则会在符合法律、法规的条件之下，尽量实现。从而既可以实现利益与效率平衡，也能够促进可持续发展、公平发展。①

（2）明确在喀斯特石漠化治理生态补偿之中，市场型生态补偿模式和政府型生态补偿模式，"共同而又有区别的责任"。这也是《国际环境法》上，区分发展中国家和发达国家承担生态环境保护责任的基本原则之一。对于喀斯特石漠化治理生态补偿来说，"共同"是指国家、政府、个人和单位，都有共同的责任参与喀斯特石漠化治理生态补偿。市场型生态补偿模式和政府型生态补偿模式都应该在喀斯特石漠化治理生态补偿之中和谐共生，以一起筹集生态补偿资金。"有区别"是指市场与政府的作用工具、作用范围等有区别，需要划分合理的界限。其主要包括：各级政府应该对喀斯特石漠化治理生态补偿予以法律化、规范化，并且进一步通过推行生态预算制度、自然资源税费制度改革、自然资源产权制度改革、落实环境税、创新权能制度、制定生态产品的产业发展规则与技术标准等内容，以筹集更多的生态补偿资金；在产权可以被清楚界定的时候，采用市场型生态补偿模式；反之，则利用市场工具完善产权制度，以提高政府的政策成效。生态补偿当中的市场工具

---

①徐丽媛. 生态补偿中政府与市场有效融合的理论与法制架构 [J]. 江西财经大学学报，2018（4）:111-122.

主要有：生态标志、环境标准、生态治理能力建设、生态认证等市场摩擦机制，用以降低人们对生态系统服务的认识偏见，形成生态系统服务市场，进而提升市场效率；生态税、拍卖、招投标等价格工具，可以很好地反映生态系统的服务价值，而且促使企业或者是个人不断调整其生态服务的消费模式；水权交易、排污权交易、碳排放交易等数量工具，用以预设生态环境的服务目标，再按照协议的相关内容实施交易。[①]

（3）立法推进喀斯特石漠化治理生态补偿当中，市场型生态补偿模式和政府型生态补偿模式有效融合的制度建设。这些制度主要包含生态监测、生态系统服务价值的评估、生态补偿的标准、生态补偿的信息公开、自然资源产权、生态补偿的实施绩效评估等。其中，尤其是生态补偿的标准，应该在立法上予以明确，以有利于在实际运用的时候，能够实现规范化。[②]

（4）立法协调喀斯特石漠化治理生态补偿之中，在政府与市场有效融合的时候，可能会隐藏的矛盾。要达到上述的目标，需要实现政府补偿和市场机制之间的有效融合、市场机制和政府目标之间的有效结合。然而，这就会隐藏政府的公共性和自利性之间的矛盾、市场主体私益目标和政府主体公益目标之间的矛盾。因此，在喀斯特石漠化治理生态补偿立法的时候，应该使用监督、公开以及竞争等形式，将政府型生态补偿模式的市场参与度，制约在一定的限度之内，以切实预防政府自利性的膨胀。除此之外，法律、法规等还应该充分保护各市场主体的合法利益，以增加其参与喀斯特石漠化治理生态补偿的积极性。政府还应

---

①徐丽媛. 生态补偿中政府与市场有效融合的理论与法制架构［J］. 江西财经大学学报，2018（4）:111-122.

②徐丽媛. 生态补偿中政府与市场有效融合的理论与法制架构［J］. 江西财经大学学报，2018（4）:111-122.

该被赋予一定的指导权，以降低公共利益被损害的可能性。①

第四，充分发挥少数民族习惯法在喀斯特石漠化治理生态补偿之中的作用。由于我国的喀斯特石漠化地区绝大部分都处于少数民族地区之中，所以，可以利用少数民族习惯法"助力"喀斯特石漠化治理生态补偿。所谓的"少数民族习惯法"是指少数民族群众在长时间的生活、生产、实践过程之中逐渐形成的，能够体现出其意志，而且还可以被其遵守、认同的行为规范。同时，其具有如下鲜明的特点:②

(1) 强烈的民族性。少数民族习惯法不仅仅在价值认同的层面上，符合少数民族群众的要求，并且也表现出了其集体的意志。从其诞生的那一刻开始，少数民族全体成员就会自觉的遵守，以约束自己的不当行为。因而，表现出了强烈的民族性。③

(2) 彰显了少数民族群众的整体利益。少数民族习惯法的目的主要在于维持其生活、生产、社会稳定。在制定的时候，就已经充分考虑到了少数民族民众的整体利益，以符合其价值认同和共同意志。④

(3) 作用的发挥程度会受到地域条件的制约。因为发挥少数民族习惯法会受到生活方式、当地文化、生活环境等地域条件的限制，所以，不同少数民族所具有的习惯法内容、特点等，就会出现不同之处。⑤

(4) 具有比较强的稳定性。如前所述，少数民族习惯法是少数民族群众在长时间的生活、生产、实践过程之中逐渐形成的，能够体现出其意志，而且还可以被其遵守与认同，具有相对独立性，可以对少数民

①徐丽媛. 生态补偿中政府与市场有效融合的理论与法制架构 [J]. 江西财经大学学报，2018 (4)：111-122.
②刘宏宇. 少数民族习惯法与国家法的融合及现代转型 [J]. 贵州民族研究，2015 (10)：31-34.
③刘宏宇. 少数民族习惯法与国家法的融合及现代转型 [J]. 贵州民族研究，2015，(10)：31-34.
④刘宏宇. 少数民族习惯法与国家法的融合及现代转型 [J]. 贵州民族研究，2015 (10)：31-34.
⑤刘宏宇. 少数民族习惯法与国家法的融合及现代转型 [J]. 贵州民族研究，2015 (10)：31-34.

族地区及其民众产生稳定性的影响。①

而在我国，少数民族习惯法又主要是通过宗教教规、村规民约、家族法规以及民间法等内容或者是形式，予以呈现出来的。② 再加上，民间法和国家法多元并存的现状。所以，这就成为了中华法律系统不同于世界上其他法律系统的重要特征之一。③

在这过程当中，相关政府部门应该高度重视少数民族生态环境保护习惯法的作用。所谓的"少数民族生态环境保护习惯法"是指在少数民族习惯法文化里面，所独有的生态环境保护习惯法意识、观念、行为规范以及实物形式等内容之总和。同时，少数民族生态环境保护习惯法还具有如下的特点：④

（1）内部宗教性。这往往来源于少数民族群众对大自然的崇拜，因而，内部宗教性比较浓厚。⑤

（2）外部的认可度和内部的权威性高。在少数民族群众内部，人们会很自觉地遵守其习惯法，并且他们还会将自己所熟知的习惯法，传递给周围其他的人民群众。这通常又会和国家层面提出的生态文明思想相契合，所以，外部的认可度和内部的权威性高。⑥

（3）实践性和鲜活性浓厚。少数民族生态环境保护习惯法鲜活地存在于少数民族的日常生活里面，同时，他们每时、每刻都会实践。因而，实践性和鲜活性浓厚。⑦

---

①刘宏宇.少数民族习惯法与国家法的融合及现代转型 [J].贵州民族研究，2015（10）：31-34.
②廉睿，高鹏怀.来自民间的社会控制机制——中国"民间法"的过去、现在和未来 [J].理论月刊，2016（2）：102-106.
③龙大轩.和合：传统文化中的国家法与民间法 [J].西南民族大学学报（人文社科版），2007（6）：69-72.
④许少美.少数民族环境保护习惯法的国家表达 [J].原生态民族文化学刊，2011（4）：72-76.
⑤许少美.少数民族环境保护习惯法的国家表达 [J].原生态民族文化学刊，2011（4）：72-76.
⑥许少美.少数民族环境保护习惯法的国家表达 [J].原生态民族文化学刊，2011（4）：72-76.
⑦许少美.少数民族环境保护习惯法的国家表达 [J].原生态民族文化学刊，2011（4）：72-76.

由此观之，少数民族习惯法对于喀斯特石漠化治理生态补偿具有重要的意义。主要表现在：

（1）规范人类的活动和行为。我国的少数民族在长时间的生产、生活过程当中，逐渐形成了丰富的宗教教规、村规民约以及习惯法等，这一方面反映了少数民族习惯法的国家表达，另一个方面使得国家层面的强制力得到了发挥。从而让生态环境保护得到了少数民族群众心理层面上的认同，使其更加自觉地参与到喀斯特石漠化治理生态补偿之中。①

（2）凝聚少数民族群众的力量。少数民族习惯法及其生态环境保护习惯法是其精神生活的一个重要组成元素，也是形成其民族精神、民族心理的一个重要思想元素，有利于凝聚少数民族群众的力量，促进经济社会实现可持续发展。②

（3）提升社会福利水平和司法效率。我国的少数民族习惯法是建立在少数民族群众的心理认同层面之上，并且还与国家层面所颁布的生态环境保护法律、法规等"一脉相承"，因此，就能够被少数民族群众更好、更快的接受，从而减小了司法成本、交易费用、诉讼成本，提升了司法效率和社会福利水平。③

由此看来，国家层面可以适当地向少数民族地区下放立法权，以保障其可以将有利于喀斯特石漠化治理生态补偿等生态环境保护的内容（如少数民族习惯法等），纳入国家层面或者是地方层面所颁布的法律、法规之中，从而为经济社会实现可持续发展提供坚强的后盾。

---

①许少美. 少数民族环境保护习惯法的国家表达 [J]. 原生态民族文化学刊, 2011 (4)：72-76.
②许少美. 少数民族环境保护习惯法的国家表达 [J]. 原生态民族文化学刊, 2011 (4)：72-76.
③许少美. 少数民族环境保护习惯法的国家表达 [J]. 原生态民族文化学刊, 2011 (4)：72-76.

7.3.2　不断发掘和弘扬布依族的优秀传统文化

如前所述，我国的喀斯特石漠化地区绝大部分位于少数民族地区，而少数民族地区又蕴含有丰富多彩、独具特色的传统文化。例如，黔西南布依族苗族自治州就是我国布依族较为集中的地区之一，布依族人民群众在长时间的发展进程之中，创造出了许多独具特色、丰富多彩的优秀传统文化，蕴含于其宗教信仰、道德观念、艺术、文化、风俗习惯以及准法规范等层面，而且还在无形、有形当中，通过监督体制、契约精神以及自治精神等形式，发挥着警戒惩罚、道德指引的功能。[①] 因此，不断发掘和弘扬布依族的优秀传统文化，有利于为喀斯特石漠化治理生态补偿，营造出良好的舆论氛围。

首先，布依族传统文化特征的复合影响。在历史发展的长河当中，布依族逐渐形成了具有自律性和二元复合性作为基本特点的传统文化。

（1）二元复合性特点。这是指在布依族的社会里面，存在着官方体制或者是制度以及传统制度。前者是布依族民族特点之中的一元，告诫布依族民众应该遵纪守法，这也是推动喀斯特石漠化治理生态补偿的一个主要维度。而后者是指在处理布依族经济社会发展之中，所出现问题的时候，应该借鉴其宗教信仰、风俗习惯和村规民约等。[②]

（2）自律性特点。这主要是从人际关系方面而言的。根据本尼迪克特的文化模式理论，其文化是属于日神型，具体表现为：和谐、不事张扬、中庸以及内敛。导致其形成的原因主要与布依族所拥有的文化、经济类型和所处的地理环境相关。布依族居住的地区绝大部分都是气候

[①] 吕超，李春梅．试论布依族的廉政文化思想及其当代价值［J］．大理大学学报，2018（9）：61-66.

[②] 吕超，李春梅．试论布依族的廉政文化思想及其当代价值［J］．大理大学学报，2018（9）：61-66.

温和、降雨充沛的地带，并且其进入农耕社会的时间比较早，空余的时间比较多，食物丰裕。因而，他们就有相对较多的时间进行社会交往，从而使得布依族逐渐形成了温和的性格，可以以自律、谦让等方式，处理好人际关系。这样一来，布依族的传统文化及其制度，就具有很强的实践效应和群众基础。①

所以，对于喀斯特石漠化治理生态补偿来讲，上述的二者应该同时发挥作用，相得益彰，即应该不断发掘布依族传统文化里面，特别是习惯法、风俗习惯等，与生态环境保护有关的形式或者是内容，并且继续发挥其传统制度之中的文化一元；而当前国家层面在这方面的一元，则应该是以生态文明理念作为指导，推动喀斯特石漠化治理生态补偿。同时，布依族民众还应该以"自律性"的态度，积极参与到喀斯特石漠化治理生态补偿当中，为当地的其他民众作出示范。

其次，布依族习惯法和宗教信仰的塑造作用。布依族信仰的宗教是摩教，摩教的禁忌、仪式、信仰及其所包括的观念等，基本上构成了布依族民众的日常生活。摩教是处于神学宗教与原始宗教之间的一神教雏形宗教、准人为宗教，反映了布依族先民的思想观念与古代社会形态，而且还记载了布依族的物质文化、精神文化以及制度文化等内容。在布依族的社会里面，摩教信仰对于喀斯特石漠化治理生态补偿来说，就是一种"善意"的劝导：通过道德指引，引导民众以积极、心存敬畏的态度，参与到喀斯特石漠化治理生态补偿当中。其还能够与习惯法相结合，以预防各种不利于喀斯特石漠化治理生态补偿的活动。由此可知，布依族社会当中的摩教信仰，通过约束性、规范性及其所衍生出来的敬畏性、神圣性等途径和措施，逐渐塑造了布依族的传统社会秩序。同

①吕超，李春梅. 试论布依族的廉政文化思想及其当代价值 [J]. 大理大学学报，2018（9）：61-66.

时，习惯法又是布依族传统文化里面的一个重要构成元素，并且是以约定俗成作为前提条件的，在一定程度上，具有"法"的意味，要求布依族民众必须遵守，对广大布依族民众起到了警示、教戒和教育的塑造作用。①

因而，布依族习惯法与宗教信仰的塑造作用，有利于提升人们参与喀斯特石漠化治理生态补偿的积极性，并且还可以在无形之中，形成一道牢固的"心理约束线"，以督促布依族民众能够自觉、心存敬畏的参与喀斯特石漠化治理生态补偿。

再次，布依族传统社会组织的制度性价值。时至今日，布依族社会当中的某些传统社会组织及其管理模式，例如，"议榔"活动、寨老制等，仍然还可以发挥重要的作用，主要表现在：其中所蕴含的监督管理体制、契约精神以及自治精神之间，能够实现协调统一。②

因此，对于喀斯特石漠化治理生态补偿而言，自治精神和监督管理体制有助于其加强自我管理、自我约束；而契约精神则有助于培育其市场经济的观念，并且按照客观的经济社会发展规律办事。最终，三者之间就可以形成一种"合力"，助推喀斯特石漠化治理生态补偿实现深入发展。

最后，布依族传统道德观的认同价值。布依族是一个主要从事农耕的少数民族，长时间以来，在较为和平的人文环境当中，逐渐形成了抵制铺张浪费、推崇勤俭节约等传统道德观，并且都是在劝导与倡导的前提条件之下，通过社会舆论、神灵的权威性等渠道，加以监督、执行。③

①吕超，李春梅. 试论布依族的廉政文化思想及其当代价值 [J]. 大理大学学报，2018（9）：61-66.
②吕超，李春梅. 试论布依族的廉政文化思想及其当代价值 [J]. 大理大学学报，2018（9）：61-66.
③吕超，李春梅. 试论布依族的廉政文化思想及其当代价值 [J]. 大理大学学报，2018（9）：61-66.

如前所述，喀斯特石漠化治理生态补偿也需要科学、集约、高效的利用自然资源，以实现经济社会可持续发展。所以，布依族的传统道德观可以促使人们对喀斯特石漠化治理生态补偿产生理性的认同。

除此之外，这还有助于发展起布依族的"社会抵押机制"：民众不愿意对其周围的人群产生失信的行为，以避免产生社会压力。这样一来，就能够维护好信贷秩序、降低交易成本、减小信息不对称等，[①] 从而为喀斯特石漠化治理生态补偿提供更多的资金支持。

7.3.3 大力引入高层次人才，并且发展教育

人才是实现中华民族伟大复兴，并且赢得当今国际竞争主动权的一个重要战略性资源。[②] 喀斯特石漠化治理生态补偿属于一个相对较新的领域，急需各类高层次人才的大力支持。因此，黔西南布依族苗族自治州等喀斯特石漠化严重地区的各级政府应该出台相应的优厚待遇，吸引各类高层次人才，特别是与喀斯特石漠化治理生态补偿有关专业的博士（后）研究生、硕士研究生等，到该地区参加工作，为喀斯特石漠化治理生态补偿提供人力资本支持。

与此同时，还应该大力发展教育。未来经济社会的深入发展归根结底需要依靠高层次人才的创新推动，而教育则是这当中的必要前提、重要保障。当前，我国的经济社会发展已经进入新常态阶段，故而，就会面临着来自于人力资本层面的大量挑战。所以，这不仅仅是教育发展的新需求，也是其新的历史性发展机遇。[③] 在这方面，西方发达国家的相关生态环境建设经验，可以为喀斯特石漠化地区提供借

---

①辛耀．贵州山区农村金融的现状及制度建设 [J]．贵州社会科学，2012（2）：75-79．
②《党的十九大报告辅导读本》编写组．党的十九大报告辅导读本 [M]．北京：人民出版社，2017：63．
③蔡昉．读懂中国经济：大国拐点与转型路径 [M]．北京：中信出版社，2017：311-312．

鉴。他们不仅仅是最先得到工业文明成果好处的区域，也是最早受到生态环境危机伤害的对象，经历了"绿色发展之兴与破坏生态环境之痛"的"心路"历程。因而，他们格外重视发展教育业，以进一步唤起人们的"生态良知"。①

对于喀斯特石漠化治理生态补偿来说，黔西南布依族苗族自治州等喀斯特石漠化地区的各大中专院校，应该发挥自己的独特优势，在教学实践环节、学科建设等层面，开设更多地具有本土特色，并且与喀斯特石漠化治理、生态补偿有关的课程或者是内容。除此以外，政府层面也应该定期或者是不定期的举办生态环境保护公益类活动，以逐步提高人们对于喀斯特石漠化治理和生态补偿重要性的认识。

总而言之，高层次人才和教育是支持一个国家或者地区经济社会实现可持续发展的基础。由此观之，从物质方面去支持喀斯特石漠化治理生态补偿，只能够支持其"表"；而只有从高层次人才与教育业方面去支持喀斯特石漠化治理生态补偿，才能够支持其"本"。

7.4　本章小结

如图 7-1 所示，本章提出了实施和保障喀斯特石漠化治理生态补偿能够顺利运行的具体举措，以促进喀斯特石漠化地区经济社会实现可持续发展。

---

①徐冬青. 生态文明建设的国际经验及我国的政策取向 [J]. 世界经济与政治论坛，2013 (6)：153-161.

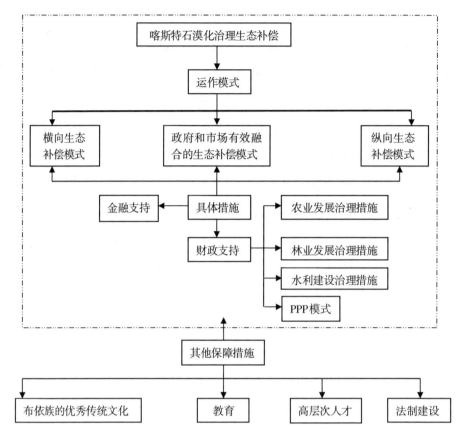

图 7-1　喀斯特石漠化治理生态补偿的运作模式框架图

资料来源：作者绘制。

第八章 结论与展望

喀斯特石漠化治理既属于突出的生态环境保护问题，也属于亟待解决的经济社会发展问题。同时，喀斯特石漠化地区绝大多数都属于少数民族地区、贫困地区、革命老区、边境地区，因此，财政支持一直以来都起着主导的作用。为了符合生态文明建设提出的新要求，助推经济社会实现更好、更快的发展，还需要包括生态补偿在内的其他政策支持手段的积极参与。

当前，学术界关于喀斯特石漠化治理生态补偿方面的研究，主要聚焦于林业建设、纵向生态补偿模式等内容，缺少对于喀斯特石漠化治理生态补偿指标体系构建、标准测算方法、横向生态补偿模式、政府和市场有效融合生态补偿模式等层面的研究。

基于此，根据喀斯特石漠化治理生态补偿的典型性、重要性和紧迫性，本书选择贵州省黔西南布依族苗族自治州作为重点研究对象，分析了其喀斯特石漠化治理生态补偿的指标体系构建、标准测算、运作模式以及对策建议等内容，主要得出了如下的研究结论。

8.1 研究结论

（1）构建了财政支持喀斯特石漠化治理的评价指标体系及其成效评估模型。本书从农业发展治理措施、林业发展治理措施、水利建设治理措施的层面，构建了财政支持喀斯特石漠化治理的评价指标体系，然后，运用主成分分析法建立混合效应模型，并且使用R软件及其PLM函数包等，进行相应的仿真测算，以准确评估财政支持喀斯特石漠化治理的实际效果。

以贵州省黔西南布依族苗族自治州为例，在2008年到2016年，农业发展治理措施、林业发展治理措施、水利建设治理措施对提升喀斯特石漠化治理经济效益的作用有限。为了进一步提高财政支持喀斯特石漠化治理的成效，应该在优化、整合喀斯特石漠化治理措施的同时，继续加大对这三个方面的投资力度和引入生态补偿治理模式。

（2）提出了喀斯特石漠化治理生态补偿的指标体系，及其标准测算模型，有利于丰富喀斯特石漠化治理的资金来源渠道，高效治理喀斯特石漠化。主要表现在：

①基于主成分分析法等，拓展性地提出了喀斯特石漠化治理生态补偿的指标体系及其标准测算：林地、耕地、草地的生态破坏损失+喀斯特石漠化的生态恢复费用+喀斯特石漠化地区居民的发展机会成本损失。

以贵州省黔西南布依族苗族自治州为例，按照国家标准：其喀斯特石漠化治理生态补偿的标准为7 640.6元/公顷。其中，轻度石漠化为3 648.7元/公顷、中度石漠化为7 296.39元/公顷、重度石漠化为10 946.81元/公顷、极重度石漠化为14 598.44元/公顷。按照省级标准：其喀斯特石漠化治理生态补偿的标准为 16 784.09 元/公顷。其中，轻度石漠化为 8 015.08 元/公顷、中度石漠化为 16 027.97 元/公顷、重度石漠化为 24 046.82 元/公顷、极重度石漠化为 32 068.35 元/公顷。

②基于新的生态价值当量因子法等，提出了喀斯特石漠化治理生态补偿的指标体系及其标准测算方法。即：

a. 整体型的生态补偿标准计算方法。这种方法的计算公式如下所示：

$$F = F_{林地} + F_{耕地} + F_{草地} = \sum_{i=1}^{3} F_i$$

式中，i 代表的是喀斯特石漠化土地的类型，主要包括林地、耕地、草地；F 代表的是研究区域（局部地区）喀斯特石漠化治理的生态补偿费，单位：元；$F_1 = F_{林地}$，代表的是喀斯特石漠化治理之中，林地的生态补偿费，单位：元；$F_2 = F_{耕地}$，代表的是喀斯特石漠化治理当中，耕地的生态补偿费，单位：元；$F_3 = F_{草地}$，代表的是喀斯特石漠化治理之中，草地的生态补偿费，单位：元。而生态补偿费 F 的计算方法又如下所示：

$$F_i = \frac{a_i}{b} \times b' \times R_i \times M_i$$

式中，a_i 表示的是全局地区之中（如贵州省等）的林地、草地、耕地喀斯特石漠化面积，单位：公顷；b 表示的是全局地区当中（如贵州省等）的喀斯特面积，单位：公顷；b' 表示的是局部地区当中（如黔西南布依族苗族自治州等）的喀斯特面积，单位：公顷；R_i 表示的是喀斯特石漠化地区之中，林地、耕地、草地分别对应的生态价值当量因子；M_i 表示的是喀斯特石漠化地区当中，林地、耕地、草地分别对应的单位生态价值当量所产生的价值，单位：元/公顷。同时，令 $P = \frac{a_i}{b}$ 表示在单位喀斯特面积之下所导致的石漠化面积，单位：公顷。

以贵州省黔西南布依族苗族自治州为例，其喀斯特石漠化治理生态补偿的标准为 693.14 元/公顷。其中，轻度石漠化为 331 元/公顷、中度石漠化为 661.92 元/公顷、重度石漠化为 993.08 元/公顷、极重度石漠化为 1 324.35 元/公顷。

b. 局部型的生态补偿标准计算方法。该方法的不同之处主要在于权重或者是概率 P_i，其计算公式如下所示：

$$P_i = \frac{1}{n} \sum_{j=1}^{n} \frac{a_{ij}}{b_j}$$

其中，$i = 1, 2, 3$；$j = 1, 2, \cdots, n$ 表示的是所需要测量数据的次数。

$$F_i = P_i \times b \times R_i \times M_i$$

式中，b 表示的是研究年份该地区的喀斯特面积（如黔西南布依族苗族自治州等），单位：公顷；b_j 表示的是研究区域在第 j 次所测得的喀斯特面积，单位：公顷；a_{ij} 表示的是第 i 个属性（林地、耕地或者是草地），在第 j 次所测得的喀斯特石漠化面积，单位：公顷；其余的与前述的内容相同。

(3) 提出了测算不同类型喀斯特石漠化治理生态补偿标准的方法和指标体系，有利于增强针对性，进一步提高治理的成效，即

$$w_i = \frac{S_i \times r_i}{\sum_{j=1}^{4} S_j \times r_j}$$

式中，w_i 表示的是各种类型喀斯特石漠化治理生态补偿标准所占的比例，单位:%；S_i 表示的是在第 i 个强度之下喀斯特石漠化的面积，单位：公顷；r_i 表示的是第 i 类喀斯特石漠化的权重（重要性值），单位:%；$i = 1, 2, 3, 4$，分别表示的是：轻度石漠化、中度石漠化、强度石漠化、极强度石漠化。

以贵州省黔西南布依族苗族自治州为例，其具体内容如上所示。

（4）提出了喀斯特石漠化治理生态补偿的三种运作模式：横向生态补偿模式、纵向生态补偿模式、政府和市场有效融合的生态补偿模式。

（5）提出了推进喀斯特石漠化治理生态补偿的对策建议。不断加强对基础性水利建设、植被保护与建设、特色农业发展、"农业+林业"的社会资本与政府合作模式的定向性财政支持力度；不断加大普惠金融的支持力度；不断发掘和弘扬少数民族的优秀传统文化；大力引入高层次人才，并且发展教育；不断加强兼具区域性和行业特色的法制建设。

8.2　研究展望

喀斯特石漠化治理生态补偿是一项系统性、长期性、复杂性、公益性、综合性以及社会性的生态环境保护工程，由于能力、水平和时间等有限，本论文还存在着以下的不足之处，需要在今后的研究过程当中，予以探索和解决。

（1）喀斯特石漠化治理生态补偿成效的评估研究。喀斯特石漠化治理生态补偿的终极目标之一，就是使得喀斯特石漠化地区居民的生活水平能够逐渐达到甚至优于原来的生活水平。而我国当前的生态补偿却侧重于前期过程，对于后期的过程则较为轻视。因此，未来应该从就业结构、产业发展状况、人口的综合素质等层面，继续深入研究喀斯特石漠化治理生态补偿的成效评价问题。

（2）喀斯特石漠化治理生态补偿之中的生态移民研究。对于极重度石漠化地区、重度石漠化地区的人口而言，已经无法在这里生存和发展了，应该考虑进行生态移民，搬迁到其他生态环境良好的区域去生活、发展、工作。所以,未来喀斯特石漠化治理生态补偿的研究方向需要侧重于对这些搬迁人口,特别是少数民族搬迁人口,予以什么样的资金支持、就业支持、产业支持、教育支持、政策支持等,以实现"搬得出,稳得住"。同时,也应该加强对喀斯特石漠化治理生态补偿当中,生态移民的迁入区域选择研究,以实现经济社会可持续发展。

(3) 使用选择试验法(CE 法)研究喀斯特石漠化治理生态补偿。近些年来,国际学术界为了对消费者的偏好信息、生态环境保育之中的生态系统功能价值、生态环境资源的非市场价值以及生态环境的污染付费等,与生态补偿有关的内容进行准确评价,提出了属于陈述偏好法范畴的 CE 法。这样一来,有利于选择更为合理、科学的生态补偿实施方案,进而测算出更为恰当的生态补偿标准。① 所以,未来的喀斯特石漠化治理生态补偿问题研究,也应该加大对 CE 法的研究,以进一步完善喀斯特石漠化治理生态补偿的体系。

(4) 喀斯特石漠化治理生态补偿对 GDP 的贡献程度研究。由前所述,实施喀斯特石漠化治理生态补偿的目标主要在于:实现生态环境好转和经济社会可持续发展。这样一来,必将会对当地 GDP 的增长,产生一定程度的影响。因此,未来加强对这一方面的深入研究,有利于进一步完善喀斯特石漠化治理生态补偿的体系,促进经济社会实现更好、更快发展。

---

①李国平,李潇,萧代基.生态补偿的理论标准与测算方法探讨 [J].经济学家,2013 (2):42-49.

参考文献

期刊论文：

[1] 张浩，熊康宁，苏孝良，等．贵州晴隆县种草养畜治理石漠化的效果、存在问题及对策 [J]．中国草地学报，2012（5）：107-113.

[2] 王世杰．喀斯特石漠化——中国西南最严重的生态地质环境问题 [J]．矿物岩石地球化学通报，2003（2）：120-126.

[3] 熊康宁，朱大运，彭韬，等．喀斯特高原石漠化综合治理生态产业技术与示范研究 [J]．生态学报，2016（22）：7109-7113.

[4] 毛洪江．贵州省石漠化治理的五种模式及启示 [J]．时代金融，2012（2）：53-57.

[5] 曾春花．政府主导型的石漠化生态修复管理机制研究 [J]．贵州社会科学，2015（2）：137-142.

[6] 曾春花，韩杰．珠江流域贵州段石漠化生态修复管理机制研究 [J]．广西师范大学学报（哲学社会科学版），2016（2）：25-30.

[7] 韦克游．滇桂黔石漠化片区农民专业合作社信贷融资约束分析及融资平台构建对策——基于广西片区调查数据 [J]．南方农业学报，2016（11）：1986-1991.

[8] 苏维词. 滇桂黔石漠化集中连片特困区开发式扶贫的模式与长效机制 [J]. 贵州科学, 2012 (4): 1-5.

[9] 伏润民, 缪小林. 中国生态功能区财政转移支付制度体系重构——基于拓展的能值模型衡量的生态外溢价值 [J]. 经济研究, 2015 (3): 47-61.

[10] 苏维词, 杨华, 李晴, 等. 我国西南喀斯特山区土地石漠化成因及防治 [J]. 土壤通报, 2006 (3): 447-451.

[11] 汪娇柳. 可持续发展视角下贵州石漠化防治区产业转型与制度设计分析 [J]. 贵州社会科学, 2009 (8): 75-78.

[12] 邓家富. 黔西南州石漠化治理的主要做法及成功模式 [J]. 中国水土保持, 2014 (1): 4-7+23.

[13] 蔡志坚, 蒋瞻, 杜丽永, 等. 退耕还林政策的有效性与有效政策搭配的存在性 [J]. 中国人口. 资源与环境, 2015 (9): 60-69.

[14] 潘泽江, 潘昌健. 西南石漠化区生计重构农户的科技需求及影响因素分析——来自黔西南布依族苗族自治州种草养羊项目的调查 [J]. 中南民族大学学报 (人文社会科学版), 2016 (1): 122-127.

[15] 苏维词, 张中可. 贵州 (喀斯特地区) 城市化过程特点及其调控途径研究 [J]. 贵州科学, 2004 (3): 24-28+43.

[16] 吴协保, 但新球, 白建华, 等. 石漠化综合治理二期工程创新管理机制探讨 [J]. 中南林业调查规划, 2015 (4): 62-66.

[17] 褚光荣. 包容性治理: 石漠化地区的减贫与发展的新思路 [J]. 云南师范大学学报 (哲学社会科学版), 2015 (4): 15-22.

[18] 苏维词, 张中可, 滕建珍, 等. 发展生态农业是贵州喀斯特 (石漠化) 山区退耕还林的基本途径 [J]. 贵州科学, 2003 (Z1): 123-127.

[19] 刘彦随,邓旭升,胡业翠.广西喀斯特山区土地石漠化与扶贫开发探析[J].山地学报,2006(2):228-233.

[20] 程安云,王世杰,李阳兵,等.贵州省喀斯特石漠化历史演变过程研究及其意义[J].水土保持通报,2010(2):15-23.

[21] 张军以,戴明宏,王腊春,等.生态功能优先背景下的西南岩溶区石漠化治理问题[J].中国岩溶,2014(4):464-472.

[22] 甘海燕,胡宝清.石漠化治理存在问题及对策——以广西为例[J].学术论坛,2016(5):54-57,109.

[23] 田秀玲,倪健.西南喀斯特山区石漠化治理的原则、途径与问题[J].干旱区地理,2010(4):532-539.

[24] 吴协保,屠志方,李梦先,等.岩溶地区石漠化防治制约因素与对策研究[J].中南林业调查规划,2013(4):68-72.

[25] 赵墅艳.贵州地区防治石漠化法律机制的构建[J].贵州民族大学学报(哲学社会科学版),2012(4):29-31.

[26] 王信建.加快石漠化地区植被建设 实现生态改善和农民增收[J].林业经济,2007(10):30-33.

[27] 池永宽,王元素,张锦华,等.石漠化背景下贵州天然草地生态系统服务功能价值初步评估[J].广东农业科学,2013(23):163-166.

[28] 王世杰.喀斯特石漠化概念演绎及其科学内涵的探讨[J].中国岩溶,2002(2):101-105.

[29] 赵翠薇,王世杰.生态补偿效益、标准——国际经验及对我国的启示[J].地理研究,2010(4):597-606.

[30] 但维宇,姜灿荣,刘世好,等.新生态学理论在石漠化治理中的应用[J].中南林业调查规划,2016(3):6-10.

[31] 章家恩，徐琪．恢复生态学研究的一些基本问题探讨［J］．应用生态学报，1999（1）：109-113.

[32] 宋蜀华．人类学研究与中国民族生态环境和传统文化的关系［J］．中央民族大学学报，1996（4）：62-67.

[33] 黄继锋．"政治生态学"——"生态学的马克思主义"的一种解释［J］．马克思主义研究，1995（4）：81-83.

[34] 游俊，杨庭硕．当代生态维护失误与匡正［J］．吉首大学学报（社会科学版），2006（6）：80-85.

[35] 罗会钧，许名健．习近平生态观的四个基本维度及当代意蕴［J］．中南林业科技大学学报（社会科学版），2018（2）：1-5，18.

[36] 曾贵，马钟宏，苟玲玲，等．黔西南州旱灾特性及减灾对策［J］．中国水利，2013（8）：31-33.

[37] 李世杰，吕文强，周传艳，等．西南喀斯特山区生态补偿机制初探——以贵州北盘江板贵乡为例［J］．中南林业科技大学学报，2016（7）：89-96.

[38] 肖强，李勇志．民族地区生态补偿的标准研究——以水资源为例［J］．贵州民族研究，2013（1）：23-26.

[39] 潘佳．政府在我国生态补偿主体关系中的角色及职能［J］．西南政法大学学报，2016（4）：68-78.

[40] 潘军．民族自治地方政府的环境保护责任探析［J］．学术探索，2014（3）：40-44.

[41] 欧阳康，刘启航，赵泽林．关于绿色 GDP 的多维探讨——以绩效评估推进我国绿色 GDP 研究［J］．江汉论坛，2017（5）：134-138.

[42] 成金华，陈军，李悦．中国生态文明发展水平测度与分析［J］．

数量经济技术经济研究，2013（7）：36-50.

[43] 张乐勤，荣慧芳．条件价值法和机会成本法在小流域生态补偿标准估算中的应用——以安徽省秋浦河为例［J］．水土保持通报，2012（4）：158-163.

[44] 贾康，刘薇．生态补偿财税制度改革与政策建议［J］．环境保护，2014（9）：10-13.

[45] 彭秀丽，刘凌霄，田铭．基于综合损失补偿法的矿产开发生态补偿标准研究——以湘西州花垣县锰矿为例［J］．中央财经大学学报，2012（12）：59-64.

[46] 谢高地，张彩霞，张雷明，等．基于单位面积价值当量因子的生态系统服务价值化方法改进［J］．自然资源学报，2015（8）：1243-1254.

[47] 谢高地，甄霖，鲁春霞，等．一个基于专家知识的生态系统服务价值化方法［J］．自然资源学报，2008（5）：911-919.

[48] 刘春腊，刘卫东，徐美．基于生态价值当量的中国省域生态补偿额度研究［J］．资源科学，2014（1）：148-155.

[49] 谌业文，李丽，王旭琴，等．基于FARBF神经网络算法的资产评估统计模型［J］．统计与决策，2017（6）：172-177.

[50] 吕延方，陈磊．面板单位根检验方法及稳定性的探讨［J］．数学的实践与认识，2010（21）：49-61.

[51] 谢高地，鲁春霞，冷允法，等．青藏高原生态资产的价值评估［J］．自然资源学报，2003（2）：189-196.

[52] 谢高地，肖玉，甄霖，等．我国粮食生产的生态服务价值研究［J］．中国生态农业学报，2005（3）：10-13.

[53] 吴红宇，马凤娟．论我国西南地区生态补偿机制的建立和完善

[J]．云南行政学院学报，2010（1）：98-101.

[54] 李宁，丁四保，王荣成，等．我国实践区际生态补偿机制的困境与措施研究 [J]．人文地理，2010（1）：77-80.

[55] 郑长德．中国西部民族地区生态补偿机制研究 [J]．西南民族大学学报（人文社科版），2006（2）：5-10.

[56] 卢洪友，杜亦谋，祁毓．生态补偿的财政政策研究 [J]．环境保护，2014（5）：23-26.

[57] 国家发展改革委国土开发与地区经济研究所课题组．地区间建立横向生态补偿制度研究 [J]．宏观经济研究，2015（3）：13-23.

[58] 徐丽媛．生态补偿中政府与市场有效融合的理论与法制架构 [J]．江西财经大学学报，2018（4）：111-122.

[59] 郑长德，钟海燕，龚贤．新时代支持民族地区加快发展的政策选择 [J]．民族学刊，2018（1）：1-8.

[60] 胡鞍钢，程文银，鄢一龙．中国社会主要矛盾转化与供给侧结构性改革 [J]．南京大学学报（哲学·人文科学·社会科学），2018（1）：5-16.

[61] 罗绪强，王世杰，张桂玲，等．喀斯特石漠化过程中土壤颗粒组成的空间分异特征 [J]．中国农学通报，2009（12）：227-233.

[62] 魏兴萍，袁道先，谢世友．西南岩溶区水土流失与石漠化的变化关系研究——以重庆南川岩溶区为例 [J]．中国岩溶，2010（1）：20-26.

[63] 杨昌儒．加快城镇化建设，着力推动少数民族发展 [J]．贵州民族研究，2011（5）：94-99.

[64] 熊康宁，李晋，龙明忠．典型喀斯特石漠化治理区水土流失特征与关键问题 [J]．地理学报，2012（7）：878-888.

[65] 龚鹏程，臧公庆.PPP 模式的交易结构、法律风险及其应对 [J].
经济体制改革，2016（3）：144-151.

[66] 欧纯智，贾康.PPP 在公共利益实现机制中的挑战与创新——基
于公共治理框架的视角 [J].当代财经，2017（3）：26-35.

[67] 刘石成.我国农田水利设施建设中存在的问题及对策研究 [J].
宏观经济研究，2011（8）：40-44.

[68] 王洋天，郑玉刚.基于改革开放 40 年的中国金融业对外开放实践
和启示 [J].贵州社会科学，2018（9）：11-17.

[69] 吕超，李春梅.试论布依族的廉政文化思想及其当代价值 [J].
大理大学学报，2018（9）：61-66.

[70] 辛耀.贵州山区农村金融的现状及制度建设 [J].贵州社会科学，
2012（2）：75-79.

[71] 徐冬青.生态文明建设的国际经验及我国的政策取向 [J].世界
经济与政治论坛，2013（6）：153-161.

[72] 涂永前.碳金融的法律再造 [J].中国社会科学，2012（3）：
95-113.

[73] 史由甲，刘晓莉.生态补偿法律制度的几个理论问题 [J].长春
师范大学学报，2018（9）：46-50.

[74] 乔兴旺.石漠化防治法律制度模式研究 [J].昆明理工大学学报
（社会科学版），2009（9）：37-42.

[75] 刘宏宇.少数民族习惯法与国家法的融合及现代转型 [J].贵州
民族研究，2015（10）：31-34.

[76] 廉睿，高鹏怀.来自民间的社会控制机制——中国"民间法"的
过去、现在和未来 [J].理论月刊，2016（2）：102-106.

[77] 龙大轩.和合：传统文化中的国家法与民间法 [J].西南民族大

学学报（人文社科版），2007（6）：69-72.

[78] 许少美. 少数民族环境保护习惯法的国家表达［J］. 原生态民族
文化学刊，2011（4）：72-76.

[79] 李国平，李潇，萧代基. 生态补偿的理论标准与测算方法探讨
［J］. 经济学家，2013（2）：42-49.

[80] 熊康宁，郭文，陆娜娜，等. 石漠化地区饲用植物资源概况及其
开发应用分析［J］. 广西植物，2019（1）：71-78.

[81] 吴国华. 进一步完善中国农村普惠金融体系［J］. 经济社会体制
比较，2013（4）：32-45.

学位论文：

[1] 孔德帅. 区域生态补偿机制研究——以贵州省为例［D］. 北京：
中国农业大学，2017.

[2] 王德光. 基于系统理论的小流域喀斯特石漠化治理模式研究［D］.
福州：福建师范大学，2012.

[3] 王晋臣. 典型西南喀斯特地区现代农业发展研究——以贵州省毕
节地区为例［D］. 北京：中国农业科学院，2012.

[4] 苗建青. 西南岩溶石漠化地区土地禀赋对农户采用生态农业技术
行为的影响研究——基于农户土地利用结构的视角［D］. 重庆：
西南大学，2011.

[5] 常亮. 基于准市场的跨界流域生态补偿机制研究——以辽河流域
为例［D］. 大连：大连理工大学，2013.

[6] 贺天博. 贵州地区生态变迁的民族学考察［D］. 吉首：吉首大
学，2012.

[7] 陈伟. 石漠化治理背景下的农户生计研究——以贵州省黔西南州

为例［D］. 南京：南京林业大学，2015.

［8］金艳 . 多时空尺度的生态补偿量化研究［D］. 杭州：浙江大学，2009.

［9］魏晓燕 . 少数民族地区移民生态补偿机制研究——以自然保护区为例［D］. 北京：中央民族大学，2013.

外文文献：

［1］Pagiola S，Agostin A，Platais G. *Can payments for environmental services help reduce poverty？ An exploration of the issues and the evidence to date from Latin America*［J］. *World Development*，2005（2）：237-253.

［2］Costanza R，d'Arge R，De Groot R，et al. *The value of the world's ecosystem services and nature*［J］. *Nature*，1997，387（6630）：253-260.

［3］Baltagi B H. *Econometric Analysis of Panel Data*，*5th Edition*［M］// *Econometric analysis of panel data. John Wiley*，2016：1-373.

学术著作：

［1］李大光 . 国家安全［M］. 北京：中国言实出版社，2016.

［2］刘肇军 . 贵州石漠化防治与经济转型研究［M］. 北京：中国社会科学出版社，2011.

［3］高贵龙，邓自民，熊康宁，等 . 喀斯特的呼唤与希望——贵州喀斯特生态环境建设与可持续发展［M］. 贵阳：贵州科技出版社，2003.

［4］杨明德 . 喀斯特研究——杨明德论文选集［M］. 贵阳：贵州民族

出版社，2003.

[5] 周忠发，闫利会，陈全，等 . 人为干预下喀斯特石漠化演变机制与调控 [M]. 北京：科学出版社，2016.

[6] 黄寰 . 区际生态补偿论 [M]. 北京：中国人民大学出版社，2012.

[7] 邓玲等 . 我国生态文明发展战略及其区域实现研究 [M]. 北京：人民出版社，2013.

[8] 柳斌杰，王天义 . 学习十九大报告：经济 50 词 [M]. 北京：人民出版社，2018.

[9] 熊康宁，等 . 贵州省喀斯特石漠化综合防治图集（2006—2050）[M]. 贵阳：贵州人民出版社，2007.

[10] 西藏金融学会 . 金融支持西藏经济发展实证研究 [M]. 北京：中国金融出版社，2015.

[11] 但文红 . 石漠化地区人地和谐发展研究 [M]. 北京：电子工业出版社，2011.

[12] 杜鹰 . 与自然和谐相处：岩溶地区石漠化综合治理的探索与实践 [M]. 北京：中国林业出版社，2011.

[13] 费孝通，刘豪兴 . 中国城乡发展的道路 [M]. 上海：上海人民出版社，2016.

[14] 余文恭 . PPP 模式与结构化融资 [M]. 北京：经济日报出版社，2017.

[15] [美] 罗伯·席勒 . 金融与美好社会 [M]. 林丽冠，译 . 台北：远见天下文化，2014.

[16]《党的十九大报告辅导读本》编写组 . 党的十九大报告辅导读本 [M]. 北京：人民出版社，2017.

[17] 蔡昉 . 读懂中国经济：大国拐点与转型路径 [M]. 北京：中信出

版社，2017.

[18] 国家林业局防治荒漠化管理中心，国家林业局中南林业调查规划设计院 . 石漠化综合治理模式［M］. 北京：中国林业出版社，2012.

报刊：

［1］曾帅 . 熊康宁：治理喀斯特石漠化先锋［N］. 贵州日报，2018-3-29.

［2］张兴国 . 岩溶地区石漠化治理"十三五"规划出台［N］. 中国绿色时报，2016-5-4.

其他：

［1］云南省发展和改革委员会等 . 云南省岩溶地区石漠化综合治理工程"十三五"建设规划（内部资料），2017 年 4 月 .

［2］云南省发展和改革委员会等 . 云南省岩溶地区石漠化综合治理规划（2006—2015 年）（内部资料），2008 年 6 月 .

［3］贵州师范大学 . 黔西南布依族苗族自治州岩溶地区石漠化综合防治规划（2011—2020）（内部资料），2011 年 6 月 .

［4］贵州省发展和改革委员会，贵州师范大学 . 贵州省岩溶地区石漠化综合治理规划（2008—2015）（内部资料），2008 年 4 月 .

附 表	黔西南布依族苗族自治州

黔西南布依族苗族自治州金融机构的分布状况

序号	市县区的名称	数量（单位：个）	金融机构的类别	金融机构的明细
1	全州本级	9	银行业机构	州人民银行、州工商银行、州农业银行、州农业发展银行、州建设银行、州中国银行、州邮政储蓄银行、贵州银行兴义瑞金支行、贵阳银行兴义分行
		16	保险业机构	人保财险、中国人寿、人保人寿、中国人寿财险、太平洋财险、太平洋人寿、大地财险、平安财险、平安寿险、天安财险、太平财险、阳光财险、鼎和财险、安邦财险、泰康人寿、华安财险、
			小额贷款公司	州一级无小额贷款公司
		2	融资性担保公司	贵州省时进融资担保中心、黔西南布依族苗族自治州财信融资担保有限公司

续 表

序号	市县区的名称	数量（单位：个）	金融机构的类别	金融机构的明细
2	兴义市	2	银行业机构	万丰村镇银行、兴义农村商业银行
		17	保险业机构	同州一级
		27	小额贷款公司	兴义市融通小额贷款有限责任公司、兴义市民银源小额贷款有限公司、兴义市九峰小额贷款有限责任公司、兴义市银通小额贷款有限责任公司、兴义市恒生小额贷款有限责任公司、兴义市恒通小额贷款有限责任公司、兴义市金惠小额贷款有限责任公司、兴义市联创小额贷款有限责任公司、兴义市恒易小额贷款有限公司、兴义市鹏源小额贷款有限责任公司、兴义市鑫利源小额贷款有限责任公司、兴义市鑫瑞通小额贷款有限责任公司、兴义市世通小额贷款有限公司、兴义市融昌小额贷款有限公司、兴义市博泰小额贷款有限责任公司、兴义市盛亿四海小额贷款有限公司、兴义市翔宇金通小额贷款有限公司、兴义市惠民小额贷款有限公司、兴义市惠通小额贷款有限公司、兴义市恒丰小额贷款有限公司、兴义市汇鑫小额贷款有限责任公司、兴义市众金小额贷款有限公司、兴义市欣懋小额贷款有限责任公司、兴义市聚德小额贷款有限责任公司、兴义市用九小额贷款有限公司、兴义市馨德小额贷款有限责任公司、兴义市瑞峰小额贷款有限公司
		11	融资性担保公司	黔西南布依族苗族自治州银信担保有限公司、兴义市鼎盛中小企业投资担保有限责任公司、贵州巨鑫业投资担保有限公司、贵州省雷宇担保有限公司、兴义市富惠融资担保有限公司、贵州铸鑫诚担保有限责任公司、贵州长隆担保有限公司、黔西南布依族苗族自治州亿霖融资担保有限责任公司、黔西南成铭投资担保有限责任公司、黔西南布依族苗族自治州天瀛担保有限公司、黔西南布依族苗族自治州晨曦融资担保有限公司、

续　表

序号	市县区的名称	数量（单位：个）	金融机构的类别	金融机构的明细
3	兴仁县	8	银行业机构	兴仁县中国银行、兴仁县农业银行、兴仁县工商银行、兴仁县建设银行、兴仁县邮储银行、兴仁县农村商业银行、贵州银行、兴仁县农业发展银行
		7	保险业机构	人保财险、人保寿险、人寿财险、大地保险、太平洋财险、太平洋人险、平安保险
		4	小额贷款公司	兴薪小贷公司、鑫汇小贷公司、联恒小贷公司、宏达小贷公司
		1	融资性担保公司	县金凤凰担保公司
4	安龙县	6	银行业机构	建设银行安龙县支行、农业银行安龙县支行、工商银行安龙县支行、安龙县农村商业银行、安龙县邮储银行、中国农业发展银行安龙县支行
		4	保险业机构	中国人保财险、中国人寿、太平洋保险、平安保险
		6	小额贷款公司	安龙县琼源小额贷款有限责任公司、安龙县恒信小额贷款有限公司、安龙县融信小额贷款有限责任公司、安龙县民生小额贷款有限公司、安龙县环宇小额贷款有限责任公司、安龙县融丰小额贷款有限公司
			融资性担保公司	暂无
5	贞丰县	7	银行业机构	中国人民银行贞丰支行、中国工商银行贞丰支行、贞丰农村商业银行、贵州银行贞丰支行、中国建设银行贞丰支行、中国农业银行贞丰支行、贞丰县邮政储蓄银行
		4	保险业机构	中国人寿财产保险股份有限公司贞丰县支公司、中国人民财产保险股份有限公司贞丰支公司、中国平安财产保险股份有限公司贵州分公司贞丰支公司、中国太平洋财产保险股份有限公司贞丰支公司
		4	小额贷款公司	贞丰县寅源小额贷款有限责任公司、贞丰县誉泉小额贷款有限责任公司、贞丰县联恒小额贷款有限责任公司、贞丰县恒太小额贷款有限责任公司
			融资性担保公司	暂无

续 表

序号	市县区的名称	数量（单位：个）	金融机构的类别	金融机构的明细
6	普安县	4	银行业机构	农业银行、工商银行、信用联社、邮政储蓄银行
		4	保险业机构	中国财产保险、中国人寿保险、太平洋保险、中国平安保险
		2	小额贷款公司	普安拓源小额贷款有限责任公司、普安晟信小额贷款有限责任公司
		1	融资性担保公司	普安县濮鑫融资担保有限责任公司
7	晴隆县	5	银行业机构	中国建设银行晴隆县支行、中国农业银行晴隆县支行、中国邮政储蓄银行晴隆县支行、晴隆县农村信用合作联社、中国工商银行晴隆县支行
		2	保险业机构	中国人寿保险股份有限公司、中国人民财产保险股份有限公司
		2	小额贷款公司	晴隆县邦克小额贷款有限责任公司、晴隆县恒隆小额贷款有限责任公司
		1	融资性担保公司	晴隆县厚丰担保有限公司
8	册亨县	4	银行业机构	中国工商银行股份有限公司册亨支行、中国农业银行股份有限公司册亨县支行、册亨县农村信用合作联、册亨县邮政储蓄银行
		2	保险业机构	中国人寿保险股份有限公司册亨县支公司、中国人民财产保险公司册亨县支公司
		3	小额贷款公司	联恒小额贷款有限责任公司、高信小额贷款有限责任公司、鑫隆小额贷款有限责任公司
		1	融资性担保公司	纳福融资性担保公司

续 表

序号	市县区的名称	数量（单位：个）	金融机构的类别	金融机构的明细
9	望谟县	6	银行业机构	中国人民银行望谟县支行、望谟县工商银行、望谟县农业银行、望谟县农业发展银行、望谟县邮政储蓄银行、望谟信用社
		2	保险业机构	中国人寿保险股份有限公司望谟县分公司、中国人民财产保险股份有限公司望谟分公司
		1	小额贷款公司	望谟县恒丰小额贷款有限责任公司
		1	融资性担保公司	望谟县通盛融资担保有限责任公司
10	义龙试验区	7	银行业机构	中国工商银行股份有限公司兴义顶效支行、中国农业银行股份有限公司兴义顶效支行、中国建设银行股份有限公司顶效支行、贵州兴义农村商业银行股份有限公司顶效支行、中国邮政储蓄银行有限责任公司兴义市郑屯镇营业所、贵州安龙农村商业银行股份有限公司新桥支行、贵州兴仁农村商业银行股份有限公司雨樟支行
			保险业机构	
			小额贷款公司	
		2	融资性担保公司	黔西南布依族苗族自治州欣懋担保有限公司、贵州黔鑫汇融资担保有限公司

资料来源：黔西南布依族苗族自治州金融办。

致　谢

　　"时光荏苒，岁月如歌"。三年的博士研究生生活，在这个季节即将划上一个"句号"。然而，对于我的人生而言，却只是一个"逗号"，我将面临又一次"征程"的开始。三年的求学生涯，在师长、亲友的大力支持之下，走得辛苦，却也"收获满囊"。在学位论文即将付梓之际，思绪万千，心情久久不能平静。首先，我要把敬意和赞美，献给我的导师——张明善教授。您治学严谨，学识渊博，思想深邃，视野雄阔，为我营造了良好的精神氛围，使我不仅仅接受了全新的思想观念，而且还领会了基本的思考方式。从学位论文题目的选定到学位论文写作的具体指导，经由您悉心的点拨，再经过思考之后的领悟，常常让我有"山重水复疑无路，柳暗花明又一村"的感觉。其次，感谢为我学位论文写作提供过帮助的吉首大学杨庭硕教授、贵州师范大学周忠发教授、贵州财经大学周剑云教授、贵州民族大学孙玉东副教授和中山大学的谌业文博士。最后，还要再一次感谢所有在学位论文完成过程当中帮助过我的其他良师益友和同学，以及被我引用或者是参考的资料、论文、著作的单位和作者。

2019 年 6 月识于西南民族大学武侯校区

人与自然，呼唤与希望

HUMAN
NATURE

生态补偿为根治喀斯特石化开出了"最佳药方"

CHINA KARST